[2018年改訂対応] やさしい

ISO 22000 食品安全マネジメントシステム構築入門

角野久史　米虫節夫　監修

執筆者名簿

監 修　角野　久史　株式会社角野品質管理研究所
　　　　　　　　　NPO法人食品安全ネットワーク理事長
　　　　米虫　節夫　大阪市立大学大学院工学研究科客員教授
　　　　　　　　　NPO法人食品安全ネットワーク最高顧問［前会長］

執　筆　安藤鐘一郎　国際衛生株式会社（第2章担当）
　　　　奥田　貢司　株式会社食の安全戦略研究所（第4章担当）
　　　　金山　民生　東洋産業株式会社（第1章担当）
　　　　衣川いずみ　株式会社QA-テクノサポート（第5章担当）
　　　　坂下　琢治　DNV GLビジネス・アシュアランス・ジャパン株式会社（第6章担当）
　　　　鈴木厳一郎　フードクリエイトスズキ有限会社（第3章担当）

（敬称略，順不同）

まえがき

　ISO 22000:2018 が，2018 年 6 月 19 日に発行されました．2005 年版とは，章立てをはじめその内容も大きく変わっています．本書は，これから ISO 22000:2018 の認証を得ようと考えている方や，2005 年版から 2018 年版への移行を考えている方のお役に立てればと思い執筆しましたが，ISO 22000 とはどのようなものかを，ざっと知りたい方にもお役に立つと思います．

　我が国においては"食品衛生法等の一部を改正する法律案"が，国会において全会一致で可決し，2018 年 6 月 13 日に公布されました．いくつかの改正点がありますが，最も大きな点は，HACCP の制度化であり，今後，すべての食品関連企業において，HACCP 又は HACCP 的な考え方による衛生管理を行うことが求められています．HACCP を企業内で的確に行うためには，HACCP を当該企業におけるマネジメントシステムの中に位置付けて，経営者の指導の下，全社一丸となって行う必要があります．そのためには，HACCP を単独で行うよりも ISO 22000 のようなマネジメントシステムとして対応するほうがより適切です．この意味において，HACCP を取り入れようとするすべての食品産業関連の方々には，HACCP を単独に取り組むよりも食品安全マネジメントシステム ISO 22000 として取り組むことをお勧めします．

　筆者の所属する"NPO 法人食品安全ネットワーク"（http://www.fu-san.jp/）は，1997 年の創設です．創設以来一貫して"HACCP システムは，食品の安全性を保証するシステムとしては有効であるが，マネジメントシステムが欠落しているという欠点がある"ことを訴え，ISO 22000:2005 が検討され始めるよりも早い 1999 年から，食品安全マネジメントシステムの必要性を文書として発表し，主張してきました．ISO 22000 の CD（Committee Draft：委

員会草案）が発表されたとき，これこそ我々が主張してきたものとの認識で，食品安全ネットワーク内に"ISO 22000 研究会"を立ち上げ，この新しい国際規格についていろいろと研究し，購買と新製品開発の規定が抜けている点が問題であることを当初から多方面で主張してきました．

"ISO 22000 研究会"の成果を踏まえて，2004 年 7 月，ISO 22000 はまだ DIS（Draft International Standard：国際規格案）の段階でしたが，『やさしいシリーズ 10 ISO 22000 食品安全マネジメントシステム入門』を出版し，2012 年 2 月にその改訂版として，『やさしい ISO 22000 食品安全マネジメントシステム入門 [新装版]』を出版しています．これらの拙著では，ISO 22000 とはどのようなものであるかを紹介するとともに，その欠点を指摘し，さらに"ではどのようにすればよいのか"まで踏み込んで提案してきました．その意味で，拙著は存在意義があったというべきでしょう．その結果，ありがたいことに拙著は，時機を得たものとして多くの人に受け入れられました．今回，2018 年版の入門書を執筆するにあたっては，従来の伝統を引き継ぎつつ，新しい日本の動きなども付け加えて，ここに出版することになりました．

本書の中心は，やはり第 5 章でしょう．当初の企画段階では，規格条文の解説にとどめる予定でしたが，すべての原稿が集まり，見直したところやはり，2018 年版に即したマニュアルの事例が必要と考え，株式会社 QA-テクノサポートの衣川いずみ氏に無理を言い，執筆してもらいました．『やさしい ISO 22000 食品安全マネジメントシステム入門 [新装版]』では，当時の執筆者の一人である有限会社エムアンドエフの金秀哲氏に，箇条ごとにマニュアル例を執筆してもらったのですが，今回はマニュアル事例を第 5 章の後半にまとめました．このマニュアル事例を参考にすれば，自社のマニュアル作りもはかどるのではないかと思います．

本書の執筆陣は，すべて NPO 法人食品安全ネットワークの会員であり，日ごろから顔をあわせて議論をしているメンバーで，かつ，この分野における指導歴の長い経験豊富なベテランばかりです．本書が，読者の皆様のお役に立つ

ことを願っております．また，何かお気付きの点があれば，監修者や執筆者にご連絡をいただければ幸いです．

　最後に，本書は"NPO法人食品安全ネットワーク"の22年にわたる活動がなければ生まれることはなかったでしょう．その意味で，いつもお世話になっている会員諸氏に御礼を申し上げます．特に"ISO 22000 研究会"（現在，"食の安全・安心講座：米虫塾"）の討論に参加された多くの方々には，深甚の謝意を表します．また本書の刊行は，日本規格協会出版情報ユニットの皆さんの協力なしには誕生しなかったでしょう．ここにあらためて深謝します．ありがとうございます．

2019年1月

　　　　　　　　　　　　　　　　　　　NPO法人食品安全ネットワーク
　　　　　　　　　　　　　　　　　　　　　理 事 長　角野　久史
　　　　　　　　　　　　　　　　　　　　　最高顧問　米虫　節夫

目 次

まえがき

第 1 章 Q&A で読み解く ISO 22000 入門　15

- **Q1** ISO 9001 とはどのような規格ですか？ ……………………… 15
- **Q2** HACCP とはどのようなものですか？ ………………………… 16
- **Q3** HACCP はなぜ生まれたのですか？ …………………………… 17
- **Q4** HACCP によく似た"HARPC"という語を聞きますが，どのようなものですか？ ……………………………………………… 18
- **Q5** ISO 22000 とはどのようなものですか？ ……………………… 19
- **Q6** ISO 22000:2018 は ISO 22000:2005 からどう変わったのですか？ ……………………………………………………………… 20
- **Q7** "PRP（前提条件プログラム）""OPRP""一般衛生管理"とは何ですか？ ………………………………………………………… 21
- **Q8** 食品衛生 7S とはどのようなものですか？ …………………… 22
- **Q9** ISO/TS 22002 シリーズとは何ですか？ ……………………… 23
- **Q10** ISO 22000 の PRP（前提条件プログラム）と ISO/TS 22002-1 との関係はどうなっているのですか？ ………………………… 24
- **Q11** 食品安全に関連して，よく聞く"GFSI"とはどういう組織ですか？ ……………………………………………………………… 25
- **Q12** FSSC 22000 とはどのようなものですか？ …………………… 25
- **Q13** JFS 規格とはどういうものですか？ …………………………… 26

Q14	ISOマネジメントシステム規格の"認証"とはどういうことですか?	28
Q15	ISO 22000 認証を取得するにはどうすればよいですか?	28

第2章　食品安全のなりたち
　　　　—HACCP の誕生とその問題点　31

- 2.1 食品安全のなりたち ……………………………………………… 31
  - 2.1.1 我が国における食品安全の法令制度 …………………… 31
  - 2.1.2 食の安全と安心とは—用語の定義 ……………………… 34
  - 2.1.3 安全と安心の判断根拠 …………………………………… 36
  - 2.1.4 我が国の食の安全保証体制の実態 ……………………… 37
  - 2.1.5 求められる海外からの食の衛生管理保証体制 ………… 38
- 2.2 HACCP の誕生とその問題点 ……………………………………… 39
  - 2.2.1 HACCP の誕生 …………………………………………… 39
  - 2.2.2 我が国の HACCP 取組み—総合衛生管理製造過程承認制度の導入 …………………………………………………… 40
  - 2.2.3 フードチェーンに普及しなかった仕組みの課題 ……… 41
  - 2.2.4 再度取り組む HACCP 普及対策—HACCP 制度化のねらい …………………………………………………………… 42
  - 2.2.5 制度化で HACCP を定着させる課題—零細事業所への手厚い取組支援 …………………………………………… 43

第3章　ISO 22000 と ISO 9001 の類似点と相違点　45

- 3.1 ISO 22000:2018 と要求事項 ……………………………………… 45
  - 3.1.1 ISO 22000 とは …………………………………………… 45
  - 3.1.2 ISO 22000 で求められていること ……………………… 46

3.1.3	ISO 22000 の特徴	47
3.1.4	ISO 22000 の基本的な考え方	52
3.2	ISO 9001:2015 と要求事項の概要	53
3.2.1	ISO 9001 とは	53
3.2.2	ISO 9001 で求められていること	54
3.3	ISO 22000 と ISO 9001 の類似点	58
3.4	ISO 22000 と ISO 9001 の相違点	58
3.5	ISO 22000 の導入に取り組むにあたって	60

第4章　PRP（前提条件プログラム）のポイント　63

4.1	PRP（前提条件プログラム）	63
4.2	ISO 22000 と PRP	64
4.3	ISO 22000 から FSSC 22000	66
4.4	PRP と食品衛生 7S	69
4.4.1	PRP の実践不足による食中毒事件の例	71
4.4.2	PRP を構築するポイント	72
4.4.3	PRP の実践事例	75

第5章　ISO 22000―構築方法とマニュアルの事例　79

5.1	経営環境・状況の把握	80
5.1.1	経営計画と FSMS の目的，適用範囲の決定	81
5.1.2	リスクと機会への取組み（関連する規格：6.1）	83
5.1.3	食品安全方針・目標	83
5.1.4	責任・権限（関連する規格：5.3）	85
5.2	HACCP システムの構築	85
5.2.1	PRP の構築（関連する規格：8.2）	88

5.2.2	食品安全チーム（関連する規格：5.3.2 及び 7.2）	88
5.2.3	ハザード分析の準備段階（関連する規格：8.5.1）	89
5.2.4	ハザード分析（関連する規格：8.5.2）	95
5.2.5	ハザード管理プラン（HACCP/OPRP プラン）（関連する規格：8.5.4）	104
5.2.6	妥当性確認（関連する規格：8.5.3）	108
5.2.7	HACCP システムの検証（関連する規格：8.8）	108
5.2.8	情報の変更管理機能（関連する規格：8.6）	111
5.3	異常時の対応	111
5.3.1	異常時の対応手順（関連する規格：10.1）	111
5.3.2	緊急事態・製品回収（関連する規格：8.4 及び 8.9.5）	112
5.4	マネジメント機能	114
5.4.1	内部監査（関連する規格：9.2）	114
5.4.2	検証結果の分析，評価（関連する規格：8.8.2，9.1.1，9.1.2 及び 10.2）	117
5.4.3	マネジメントレビュー（関連する規格：9.3）	119
5.5	運用するための支援機能	121
5.5.1	変更管理機能（関連する規格：6.3）	121
5.5.2	購買管理機能（関連する規格：7.1.6）	122
5.5.3	資源の確保（関連する規格：7.1）	123
5.5.4	コミュニケーション（関連する規格：7.4）	126
5.5.5	文書・記録の管理（関連する規格：7.5）	127
5.6	FSMS を運用して結果を出すために―二つのコツ	128
5.7	食品安全マニュアルの作成	134
■ ISO 22000:2018 のマニュアル例		135
1	適用範囲	135
	1.1 食品安全マネジメントシステム（FSMS）に取り組む目的	135

	1.2　適用製品・業務・部署	135
2	引用規格	137
3	用語及び定義	137
4	当社を取り巻く経営環境の把握	137
	4.1　外部・内部の課題	137
	4.2　利害関係者のニーズ・期待	138
	4.3　FSMS の適用範囲の決定	139
	4.4　FSMS	139
5	経営者のリーダーシップ	140
	5.1　FSMS の中で経営者が果たすべき役割	140
	5.2　食品安全方針	140
	5.3　組織の役割，責任及び権限	141
6	計画	142
	6.1　リスク及び機会への取組み	142
	6.2　食品安全目標	143
	6.3　変更計画	143
7	支援	144
	7.1　資源（人，モノ，お金，情報など）	144
	7.2　力量	147
	7.3　認識（躾）	148
	7.4　コミュニケーション	149
	7.5　文書・記録の管理	152
8	運用	157
	8.1　運用の計画及び管理	157
	8.2　PRP（前提条件プログラム）	157
	8.3　トレーサビリティシステム	158

8.4	緊急事態への準備及び対応	159
8.5	ハザードの管理	159
8.6	PRP 及びハザード管理プランを規定する情報の更新	168
8.7	計測機器の校正	169
8.8	PRP 及びハザード管理プランに関する検証	170
8.9	製品，工程の不適合管理	172
9	運用状況の評価	175
9.1	各業務の監視，分析，評価	175
9.2	内部監査	177
9.3	マネジメントレビュー	178
10	改善	180
10.1	不適合及び是正処置	180
10.2	継続的改善	180
10.3	FSMS の更新	180

第6章　ISO 22000 の今後―FSSC 22000 と JFSM　183

6.1	ISO 22000 の今後	183
6.2	FSSC 22000 とは	184
6.2.1	FSSC 22000 と PRP	186
6.2.2	グローバルマーケットプログラム	186
6.2.3	認証機関（審査登録機関）	187
6.2.4	FSSC 22000 の要求事項	188
6.2.5	FSSC 22000 の追加要求事項	189
6.3	JFSM とは	191
6.4	今後の取組み	193

索　引　195
監修者・執筆者 略歴　199

第1章

Q&Aで読み解くISO 22000入門

 ISO 9001とはどのような規格ですか？

A1 ISOが策定したマネジメントシステム規格の一つである"品質マネジメントシステム"（Quality Management System：QMS）を実施する（構築し，運用し，維持する）ために必要な最低限の要求事項が記された国際規格のことです．これは組織が顧客や社会などが求めている品質の製品やサービスを提供し続けることと，それを継続的に改善し続けること，さらに顧客のニーズや期待に応え，リスク（失敗）を減らして機会（チャンス）をつかみ，これを計画的に取り組むことを実現するには，どのような仕事の仕組みにしなければならないかを定めています．

ISO 9001はあらゆる分野に適用されるように作成されていますが，産業分野によってはそれ以上に，若しくは，さらに詳細に要求事項が必要な場合があります．そこで，これを補完するためにISO 9001を基礎として，その分野独自の要求を追加した"セクター規格"と呼ばれる規格があります．各分野においてISO 9001はセクター規格作成の非常に重要な規格として位置付けられ，現在，セクター規格として医療用具分野のISO 13485（JIS Q 13485）や航空宇宙分野のAS 9000（JIS Q 9100），電気通信分野のTL 9000があります．

かつては，本書で取り上げているISO 22000も食品安全のセクター規格の一つでしたが，2018年の改訂により，ISOマネジメントシステム規格の位置付けとなっています（Q&A 5参照）．ISO 22000:2018を理解するうえでは，セクター規格であった経緯をISO 9001の知識とともに踏まえておくとよいで

しょう.

HACCPとはどのようなものですか？

A2 食品の安全を確保する手段として広く採用されている手法で,"Hazard Analysis and Critical Control Point"の頭文字をとったものです.その内容としては,原材料となる一次産品(農作物や水畜産物など)から加工・製造・保管・運送・販売に至る一連の工程において,人の健康を害するもの(Hazard:危害要因)が存在したり,混入したり,増えたりしないかを予想・評価し,それらを管理するための必須管理点(Critical Control Point:CCP)を決めます.そして,その必須管理点の管理手段を決めて計画的に測定,修正・是正処置を実施し,記録をとるという方法です.

従来行われてきた食品の衛生管理は,製品製造にかかわる施設・設備や食品への取扱方法などを定めて,微生物などを"付けない・増やさない・やっつける"を基本とした工程管理で製品を作り,最終製品が規定した基準を満たしているかどうか,安全であるかどうかなどを製品検査によって確認するものでした.それに対してHACCPによる衛生管理は,洗い出した危害要因を明らかにし,特に重要な工程を重点的に管理することで最終製品が安全であることを保証する安全性の高いシステムを構築する管理方法です(図1.1参照).

なおISO 22000は,このHACCPを企業組織内の仕組みとして運営するた

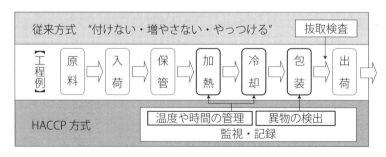

図1.1 従来の"品質管理とHACCP"による管理

め，ISO 9001 の仕組みを用いており，そのために必要な管理項目が要求事項としてあげられています．

 HACCP はなぜ生まれたのですか？

A3 HACCP は 1960 年代，米国のアポロ宇宙船計画において，宇宙食による食中毒事故を防止するために考案された仕組みが始まりです．ピルズベリー社の Bauman 博士，NASA（アメリカ航空宇宙局）及び米国陸軍 Natick 技術開発研究所が 1956 年から構想し，1969 年のアポロ月面着陸時の宇宙食製造に用いられ，1971 年に National Conference on Food Protection において公開されました．

その後，しばらくは特に注目されていませんでしたが，大きく注目されたのは約 10 年後の 1980 年代でした．そのころ米国で，外食チェーン店におけるハンバーグを原因とする腸管出血性大腸菌 O157 による食中毒事故が多発しました．その対応策として産業界と規制当局が協力して HACCP を積極的に導入することになり，1989 年に"米国における HACCP システムのガイドライン"と"HACCP 7 原則"（第 2 章参照）が公表され，食品事業者に広がっていくことになりました．法律としては 1994 年，FDA（Food and Drug Administration：米国食品医薬品局）から魚介類に対する HACCP，1995 年に USDA（United States Department of Agriculture：米国農務省）から食肉・食鳥肉の HACCP が公表されました．

国際機関においても HACCP に関する関心が高くなり，国際連合食糧農業機関（Food and Agriculture Organization of the United Nations：FAO）と世界保健機関（World Health Organization：WHO）の合同食品規格委員会（通称"Codex 委員会"）より"食品衛生の一般原則の規範［CRC/RCP 1-1969 (rev.4-2003)］"が発行され，その附属文書として 1993 年に"HACCP 導入のための指針"が採択されました．これによって国際的に統一された HACCP の概念が確立され，現在世界で適応される HACCP の考え方の標準となって

います.なお,我が国で 2018 年 6 月に公布された改正食品衛生法の"HACCP に沿った衛生管理の制度化"では,このコーデックス HACCP が HACCP の国際基準であると厚生労働省より示されています.

 HACCP によく似た"HARPC"という語を聞きますが,どのようなものですか?

A4 HARPC は"Hazard Analysis and Risk-based Preventive Control"の略です."ハザード分析とリスクに基づく予防管理"と訳され,FDA によって 2016 年 9 月 19 日から適用された"米国食品安全強化法(FSMA:Food Safety Modernization Act)"の"第 103 条 人の食品と動物の食品(フード/エサ)に対する予防的コントロール"で示されている米国の新しい食品安全の枠組みのことです.米国内はもちろん,日本においても対米輸出を行う企業は構築が義務付けられています.

基本的な考え方は HACCP と同じですが,特定された危害要因を管理する種類が,加熱処理や金属探知などの"プロセス管理"のみならず"アレルゲン管理"や"衛生管理""サプライチェーン管理"も含まれ,それぞれの管理手段をあらかじめ決めて,文書化し,実施することが求められています.事例としてそれぞれの予防管理の種類と管理手順について表 1.1 に示します.

また,"リコール計画"についても文書化が求められ,緊急事態が生じた場合の行動の枠組みを設定し,少なくとも年 1 回はその仕組みが本当に機能する内容なのか見直さなければならないことも特徴の一つとしてあげられます.

HACCP を発展させた管理方法と考えられますが,本書では触れないことにします.

表 1.1 HARPC で管理する予防の種類と管理項目の例

予防の種類	管理項目の例
プロセス管理	・加熱工程での温度と時間 ・稼働中における金属探知機の動作確認
アレルゲン管理	・入庫原料の管理ラベルの貼付 ・製造使用前の管理ラベル内容の確認
衛生管理	・専用の製造器具を使用しているかの確認 ・製造設備使用直前の洗浄実施確認
サプライチェーン管理	・納品農作物の残留農薬検査書の確認 ・納品ロットの微生物検査書の確認

 ISO 22000 とはどのようなものですか？

A5 ISO 22000:2018 の正式名称は"Food safety management systems—Requirements for any organization in the food chain"（食品安全マネジメントシステム—フードチェーンのあらゆる組織に対する要求事項）です．2005 年 9 月に制定され，2018 年 6 月に改訂されました．本書では，この改訂版，ISO 22000:2018 について解説します．

　この規格は，食品にかかわる組織において食の安全を守るための仕組みづくり，いわゆる仕事のやり方について示されているものです．そして，その範囲は農場から食卓までのすべての段階であり，食品用包装資材，食品物流，食品倉庫などの関連事業も含まれます．また，ISO 22000 の中身としては，食の安全を実現するために HACCP を品質マネジメントシステム ISO 9001 で運用し，PDCA サイクルで継続的に改善を行うマネジメントシステムとなっています．

　製品としてレトルトカレーを例にあげてみると，一般衛生管理を確実に実行して製造環境を衛生的な状態に維持しても，原料肉や野菜由来のサルモネラ属菌やセレウス菌などの食中毒菌の持込みは防ぐことはできません．これらは危害要因（hazard）として分析し，殺菌工程を CCP として，その温度と時間を

管理するための監視方法と，基準を逸脱したときの修正・是正処置及び記録について方法を決めていきます．

ここまでは HACCP の範囲ですが，食品安全のためには，この HACCP を動かすためのマネジメントも行っているはずです．例えば，殺菌基準逸脱時に正しく対処できる人材の配置や育成，事故を想定した訓練の確立，また，確実にレトルト殺菌が行えるためのメンテナンス費用や専門業者の選定などの活動です．さらに，"安全な食品を作る" ためにこれらの活動や HACCP も含めて運営方法を計画し（Plan），実際に行い（Do），その計画がうまくいっているのか確認し（Check），改善を行う（Act），すなわち PDCA サイクルを回し，継続的改善を行います．ISO 22000 ではこうして HACCP をマネジメントシステムで運営していくことを要求しています（図 1.2 参照）．

図 1.2 HACCP と ISO 22000 の関係図

 ISO 22000:2018 は ISO 22000:2005 からどう変わったのですか？

A6 大きくは三つあります．一つ目は，章立てが大きく変わりました．これは，2012 年に発表された "ISO 共通テキスト（附属書 SL）" によって，これまでばらばらであった ISO マネジメントシステム規格の章立てが統一化されることになり，これにあわせたという点です．

二つ目は，食品関連組織としてリスクと機会を考慮することが求められてい

る点です.その例としては,偽装・フードディフェンスや経営目標・人材資源の確保・自社製品がもつ課題など,組織内外に存在するものがあげられます.これらについて着目し,取り組むことが求められています.

三つ目は,PDCA(Plan-Do-Check-Act)サイクル,PRP(前提条件プログラム),OPRP(オペレーションPRP),CCP(必須管理点)など主要用語についての説明が明確にされている点です.詳しくは,第3章や第4章にて解説します.

 "PRP(前提条件プログラム)""OPRP""一般衛生管理"とは何ですか?

A7 PRP(Prerequisite Programme)とは,ISO 22000:2018において"前提条件プログラム"と訳され,"組織内及びフードチェーン全体での,食品安全の維持に必要な基本的条件及び活動"のように定義されています.つまり,安全な食品を製造加工するために,施設・設備・器具の保守管理,施設・設備・器具の洗浄・殺菌,作業員の衛生管理など,食品を取り扱う作業環境を整えるために一般的に行う衛生管理のための活動を指します.なお,厚生労働省が作成した"食品製造におけるHACCP入門のための手引書"等のHACCP関連文書では"一般的衛生管理プログラム"や"一般衛生管理"という言葉が使われていますが,日本語訳が異なるだけで,英文では同じ"Prerequisite Programme"です.その他,地方自治体の条例で定める"営業施設基準"や"管理運営基準"なども同じものと考えてよいでしょう.

一方,OPRP(Operation Prerequisite Programme)とは,ISO 22000特有のもので,HACCPプランの構築でハザードを特定した際,これを管理するために行う測定又は観察が可能な動作基準をいいます.つまり,CCPと違うのはOPRPの場合,管理基準は温度,時間などの明確なパラメータ(変数)でなくてもよく,"手順どおりに実施した"や"洗浄後にぬめりがないことを確認した"のような実施確認を基準としてもよいとしています.

食品衛生 7S とはどのようなものですか？

A8 "整理・整頓・清掃・洗浄・殺菌・躾(しつけ)・清潔"のことで，食品事業所における改善活動のツールとなるものです．それぞれの項目は次のとおり定義付けがされています．

- ・整理：要るものと要らないものを分けて，要らないものを処分すること
- ・整頓：要るものの置く場所と置き方，置く量を決めて識別すること
- ・清掃：ゴミや埃などの異物を取り除き，きれいに掃除すること
- ・洗浄：水・湯・洗剤などを用いて，機械・設備などの汚れを洗い清めること
- ・殺菌：微生物を死滅・減少・除去させたり，増殖させたりしないようにすること
- ・躾　：整理・整頓・清掃・洗浄・殺菌におけるマニュアルや手順書や約束事，ルールを守ること
- ・清潔：整理・整頓・清掃・洗浄・殺菌が躾で維持され，発展している製造環境

　食品衛生 7S はもともと 5S（整理・整頓・清掃・清潔・躾）を基本としていますが，5S は工業の場から生まれて発展してきたものです．整理・整頓・清掃をして，清潔を実現し，それを躾で維持する構造で，その目的は"効率"です．一方，食品衛生 7S の目的は目に見えない"微生物レベルの清潔"であり，この実現のために整理・整頓・清掃・洗浄・殺菌という五つの手段を躾で維持していく構造になっています（図 1.3 参照）．なお，そのために"ドライ化"も手段の要素として加えて活動を行います．この"微生物レベルの清潔"は安全な食品を提供するために食品事業所で最低限求められる前提条件です．この考え方と ISO 22000 の PRP（前提条件プログラム）はほぼ等しいものです．日本の製造業において馴染みのある 5S から発展した食品衛生 7S は，国内の食品製造業の PRP の構築には非常に有益なものといえるでしょう．

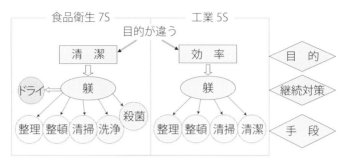

図 1.3 食品衛生 7S と工業 5S

 ISO/TS 22002 シリーズとは何ですか？

A9 ISO 22000 の PRP を具体的にして補うために発行されたものが ISO/TS 22002 シリーズです．その内容としては，建物の構造と配置やユーティリティ，従事者の衛生管理などの詳細な要求事項が示されています．なお，TS（Technical Specification：技術仕様書）とは，将来的に国際規格（International Standard：IS）として合意される可能性はあるが，その内容が開発途中であったり，国によっては採用しにくかったりするなどの問題があるため，現時点では ISO 委員会の作業グループ（Working Group：WG）で合意の得られた文書のことです．

現在は，食品製造の PRP（ISO/TS 22002-1），ケータリングの PRP（ISO/TS 22002-2），農業の PRP（ISO/TS 22002-3），食品用容器包装製造の PRP（ISO/TS 22002-4），飼料及び動物用食品の生産の PRP（ISO/TS 22002-6）が発行されています．また，輸送・保管の PRP（ISO/TS 22002-5）が 2018 年 11 月現在作成途中です．

なお，ISO/TS 22002-1 は，英国規格協会（British Standards Institution：BSI）が策定した食品製造業向けの PRP である"PAS 220:2008"を原案として 2009 年に発行されたものです．

Q10 ISO 22000 の PRP（前提条件プログラム）と ISO/TS 22002-1 との関係はどうなっているのですか？

A10 表1.2のようにまとめましたので参照してください．記載順序は異なりますが，ほぼ同じと考えてもよいでしょう．なお，ISO/TS 22002-1 には ISO 22000 の PRP に含まれない独自の要求事項が追加されていることに注目してください．これは，2005年以降に起こった食品業界におけるいくつかの事件の反映といえるでしょう．

表1.2 ISO 22000 の PRP と ISO/TS 220002-1 の要求事項の比較

ISO 22000 PRP	ISO/TS 22002-1 要求事項
a) 建造物・建物の配置・付随したユーティリティ	4) 建物の構造と配置
b) ゾーンニング・作業区域・従業員施設を含む構内の配置	5) 施設及び作業区域の配置
c) 空気，水，エネルギー，その他ユーティリティの供給	6) ユーティリティ：空気，水，エネルギー
d) そ族・昆虫類の防除，廃棄物・排水処理・支援サービス	7) 廃棄物処理　12) 有害生物の防除
e) 設備の適切性，清掃・洗浄・保守のためのアクセス可能性	8) 装置の適切性，清掃・洗浄及び保守
f) 供給者の承認・保証プロセス	9) 購入材料の管理
g) 搬入される材料の受入れ・保管・発送・輸送・製品の取扱い	
h) 交差汚染の予防手段	10) 交差汚染の予防手段
i) 清掃・洗浄・消毒	11) 清掃・洗浄及び殺菌・消毒
j) 人々の衛生	13) 要員の衛生及び従業員のための施設
k) 製品情報／消費者の意識	14) 手直し
	15) 製品のリコール手順
l) 必要に応じて，その他のもの	16) 倉庫保管
	17) 製品情報及び消費者の認識
	18) 食品防御，バイオビジランス及びバイオテロリズム

Q11 食品安全に関連して，よく聞く"GFSI"とはどういう組織ですか？

A11 世界70か国から約650社の食品メーカーや小売業が集まって構成され，環境問題や企業の社会的責任，トレーサビリティなどの課題に取り組んでいるConsumer Goods Forum（CGF）という組織があります．その中で，食品安全に焦点を当てた非営利事業として2005年に設立されたのがGlobal Food Safety Initiative（GFSI：国際食品安全イニシアティブ）です．

主な活動の目的は，
① 各国・各企業がもつそれぞれの食品安全に対する取決めを共通化し，一本化すること
② 安全に関する余分なコストや時間を省くこと

とし，合理的で効率のよい食品安全管理システムの構築を目指しています．

これを実現するためにGFSIはガイダンス文書（2017年，"Benchmarking Requirement"に改称）を公表し，既存の食品安全マネジメントシステムの評価・承認をしています．現在12のスキームが承認を受けています．2018年10月以前では，日本語で認証を受けられるスキームはFSSC 22000とSQF（Safe Quality Food：安全で高品質な食品のための安全管理システム）だけでした．しかしながら，ISO 22000は入っていません．これはPRP（前提条件プログラム）の内容が具体性に欠けるので，他の認証スキームとの比較ができないというのが大きな理由です．

なお，2018年10月31日にJFS規格（Q&A 13参照）とAsian GAPがこのスキームに加わり，12になっています．

 Q12 FSSC 22000とはどのようなものですか？

A12 正式名称は"Food Safety System Certification 22000"といい，FSSC（食品安全認証財団）による食品安全マネジメントシステム認証規格の一つです．構成は，

① ISO 22000
② PRP（前提条件プログラム）に該当する ISO/TS 22002-1（Q&A 9, Q&A 10 参照）などの PRP 技術仕様書
③ 表示や食品防御，食品偽造の予防など，FSSC 追加要求事項

となっています（図 1.4 参照）．

　FSSC 22000 を認証取得するためには ISO 22000 と業種ごとに決められた PRP 技術仕様書，及び FSSC 22000 追加要求事項を満たすことが必要です．Q&A 11 でも触れましたが，ISO 22000 は GFSI から認証スキームとして認められませんでしたが，FSSC 22000 は上記の②によって PRP が具体的になったため，認められています．

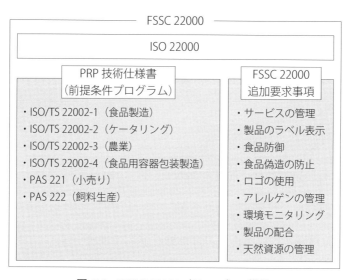

図 1.4　FSSC 22000（Ver.4.1）の構造

 JFS 規格とはどういうものですか？

A13　JFS 規格は，日本発の国際的に通用する食品安全マネジメントシステムの規格を策定し，運営することを目的として，2016 年 1 月に設立された一般

財団法人食品安全マネジメント協会（Japan Food Safety Management Association：JFSM）によって策定された規格です．これには三つの規格（JFS-A 規格，JFS-B 規格，JFS-C 規格）があり，JFS-A 規格は一般衛生管理を中心とした要求事項，JFS-B 規格は JFS-A 規格の要求事項に加え HACCP の要求事項をすべて含んだものとなっています．また，JFS-C 規格は JFS-B 規格の要求事項をさらに項目を広げて，次の三つで構成され，GFSI の認証スキームを意識した内容となっています（図 1.5 参照）．

① 食品安全マネジメントシステム（FSMS）
② ハザード制御（HACCP）
③ 適正製造規範（Good Manufacturing Practice：GMP）

なお，2017 年 9 月に GFSI へ承認申請された JFS-C 規格・認証スキームが 2018 年 10 月 31 日の GFSI 理事会において承認されました．これにより，JFS-C 規格の認定を受けることでも国際的に認められるレベルにあることが，対外的に示すことができるようになります．この JFSM の設立には農林水産省が支援していたこともあり，食品安全マネジメントシステムを構築しようと考える企業はこの規格も選択肢の一つとしてあげてもよいでしょう．

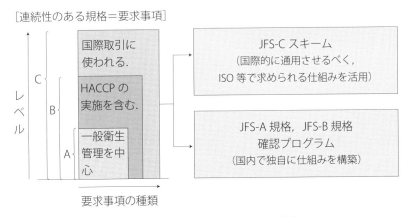

図 1.5 JFS 規格・認証スキームの全体像

ISO マネジメントシステム規格の"認証"とはどういうことですか？

A14 ISO マネジメントシステム規格には基準（要求事項）が定められています．これを事業者が満たしているかどうかを第三者組織（認証機関）が審査し，その要求事項を満たしていれば，認証証明書（登録証）を発行し，一般に公開することを"認証"といいます（図1.6参照）．

なお，日本国内には約50社の"認証機関"（審査登録機関）があり，それら認証機関の信頼性を保証する仕組みとして，国際的な基準に従い，認証活動が公平・透明に行われているかを審査し（認定審査），公式に認め，登録をする"認定"業務があります．この認定活動を行う"認定機関"は各国に1組織ずつあり，日本では公益財団法人日本適合性認定協会（Japan Accreditation Board：JAB）がそれにあたります．つまり，各認証機関はこの"認定"というお墨付きをもらって認証活動を行っているのです．

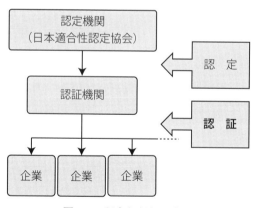

図1.6 認定と認証の違い

 ISO 22000 認証を取得するにはどうすればよいですか？

A15 ISO認証・維持の流れを図1.7に示します．一般的には，まずは，認証審査を行っている認証機関（審査登録機関）を選びます．各認証機関のウェ

ブサイトや実際に認証を受けている組織や信頼できる有識者などから情報を入手して選定しましょう．ある程度絞り込むことができれば，それぞれの組織から見積りをとり，希望に沿った認証機関を最終決定し，審査契約を結びます．これは，食品安全マネジメントシステムを構築し，仮運用するまでに済ませておくのがよいでしょう．

認証審査は2段階あり，第1段階では作成した文書類を中心とした現場確認が行われ，第2段階審査に移れるかどうか判断されます．第1段階で問題なしとなった後，1～6か月後までに第2段階の審査が行われ，運営状況も含めたすべての状況を現場で確認されます．ここで，システム上の不備があれば是正が求められ，その処置内容を含めて認証機関にて判定会議が行われます．判定会議で"認証登録（審査登録）に問題なし"と判断されて初めて認証取得となり，3年間を有効期限とした認証証明書（登録証）が発行されます．

なお，その後は毎年の定期審査があり，3年目には更新審査を受けて，認証の更新が可能かどうか判定会議にて審議され，承認が得られれば認証を維持することができます．

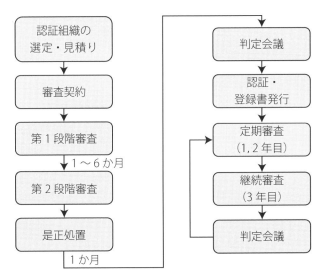

図 1.7 ISO 認証・維持の流れ

第2章 食品安全のなりたち
—HACCP の誕生とその問題点

　本書の主題である食品安全マネジメントシステム規格"ISO 22000"の中心は，国際的に食品安全を確保する仕組みとして認められている HACCP です．この章では，我が国における食品安全の基本的な法制度と，HACCP の制度化などの基本的な事項を説明します．

2.1　食品安全のなりたち

2.1.1　我が国における食品安全の法令制度

　1947（昭和 22）年 12 月に食品衛生法が制定されました．食品衛生法第一条に，"この法律は，食品の安全性の確保のために公衆衛生の見地から必要な規制その他の措置を講ずることにより，飲食に起因する衛生上の危害の発生を防止し，もつて国民の健康の保護を図ることを目的とする."と定め，国民の健康を保護するため，同法第六条に次の条文が明記されています．

【不衛生食品等の販売等の禁止】
① 腐敗し，若しくは変敗したもの又は未熟であるもの．
② 有毒な，若しくは有害な物質が含まれ，若しくは付着し，又はこれらの疑いのあるもの．
③ 病原微生物により汚染され，又はその疑いがあり，人の健康を損なうおそれがあるもの．
④ 不潔，異物の混入又は添加その他の事由により，人の健康を損なうおそれのあるもの．

我が国の食品衛生管理体制の根幹をなす法令は，いかなる環境においてもこれを順守することが日本国民の義務として定められ，運用されてきました．しかし，法令の制定以後も食品にかかわる事件・事故の発生が繰り返されてきたことも事実です．表2.1に戦後から近年までの食品にかかわる回収事件・事故事例の抜粋一覧表を示します．

表 2.1 戦後から近年までの食品にかかわる回収事件・事故例の一覧（抜粋）

発生年月	事件・事故例
1955年3月	雪印脱脂粉乳黄色ぶどう球菌中毒（被害者1579人）
6月	森永ヒ素ミルク事件，27都道府県（被害者12 131人，うち130人死亡）
1956年4月	水俣病発生が明確化（1953年ころから散発）
1968年6月	カネミ油症事件（PCB汚染）（被害者1 283人，うち28人死亡）
8月	富山・新潟にてイタイイタイ病
1996年5月	O157集団食中毒発生［岡山5月（死者2人），岐阜6月，堺7月（死者3人）］
2000年6月	低脂肪牛乳黄色ブドウ球菌産出のエントロトキシン食中毒事件（雪印），1955年の再発
2001年9月	我が国で初めてBSE感染牛が発見され，食肉消費に大きな影響
10月	アメリカBSE問題で国内対応策に全頭検査導入，2013年2月から牛年齢30か月以下に緩和
12月	中国産冷凍ほうれん草の1割から残留農薬基準値を超える製品が検出
2002年2月	大手食品メーカーによる牛肉の原産地などの不正表示問題が発覚．その後，食品の不正表示事件が次々と表面化
2004年1月	国内で79年ぶりに高病原性鳥インフルエンザが発生
2007年1月	不二家の賞味期限切れ原材料使用発生
6月	ミートホープの牛肉産地偽装問題発生
10月	赤福の製造年月日の偽装問題発覚により，老舗和菓子店舗の営業停止 船場吉兆の品質表示偽装事件（ささやき女将）食品の使い回し
2008年1月	中国冷凍餃子に有機リン系農薬（メタミドホス）混入，犯人逮捕
6月	愛知県業者がうなぎの産地偽装販売発覚（中国産うなぎ→愛知県一色町産）
9月	事故米を食用米として偽装転売（三笠フーズ）

2.1　食品安全のなりたち　　33

表 2.1（続き）

発生年月	事件・事故例
2009 年	偽装事案多数発生
同年 1 月	静岡県産のかつお節を"枕崎産"として販売
5 月	蜂蜜の濃度偽装販売（異性化液糖などで薄めた製品を販売）
7 月	中国産を原料に使い"鳴門産"と偽って販売
11 月	おにぎりに"国内産鶏肉使用"と表示していたが，ブラジル産を使用
2011 年 4 月	"和牛ユッケ"から腸管出血性大腸菌 O111 による男児ら 4 人死亡の食中毒
2012 年 8 月	白菜浅漬けによる O157 食中毒，8 人死亡（岩井食品）
2013 年 10 月	ホテル，百貨店のレストラン等で，メニュー表示と異なる食材を使用して料理を提供（ブラックタイガー→車えび等）
12 月	冷凍食品に農薬混入（マラチオン）回収事件，犯人は従業員
2014 年 1 月	学校給食パンでノロウイルス感染，児童 1 000 人以上感染，工場製品検査担当者の手指汚染
12 月	焼きそばにゴキブリ混入，メーカーの対応が不適切だったことに伴い，SNS が炎上
	異物混入製品情報がマスメディアで連日報道（冷凍パスタにゴキブリ片，チキンナゲットにビニール片，ソフトクリームにビニール片）
2015 年 1 月	マクドナルド異物混入，SNS 集中報道，経営業績に深刻な影響
2016 年 1 月	廃棄食品の転売（ダイコー），横流し業者（みのりフーズ）逮捕

注 1　一般財団法人食品産業センター食品事故情報告知ネット（http://www.shokusan-kokuchi.jp/index/）には，自主回収情報が掲載されている．
　2　一般財団法人食品産業センター，厚生労働省，農林水産省食料産業局企画課及びフードコミュニケーションプロジェクトの集計データをもとに筆者が作成

　このような経緯を踏まえて，食品衛生法は一部見直し及び改正が，何回も行われてきました．1995（平成 7）年 5 月 30 日一部改正や 2003（平成 15）年 5 月 30 日改正がその例です．そして 2018（平成 30）年 6 月，第 195 通常国会で"食品衛生法等の一部を改正する法案"が審議・採択され，我が国における食の安全管理法令の中心となる食品衛生法として改正されました．改正理由は，2003（平成 15）年の食品衛生法改正以降 15 年が経過して，食品を取り巻く環境の変化と輸出入食品の増大など，食のグローバル化が進展し，さらに

2020年東京オリンピック・パラリンピック競技大会開催国として国際基準と整合的な食品衛生管理が求められているためです．その結果，厚生労働省は，食の安全に"食品衛生管理の国際標準であるHACCP（Hazard Analysis and Critical Control Point：危害要因分析に基づく必須管理点管理）"の導入を，食品関連企業に対して段階的に制度化（義務化）する方針を定めました．

2.1.2 食の安全と安心とは—用語の定義

"安全な食品"とは，専門家により試験や調査などで得られた科学的証拠に基づいて確保されるもので，科学的証拠の評価結果をもとに健康影響などのリスクが除かれる，又は許容範囲にとどめられる状態をいいます．HACCPで定義されている"科学や技術で客観的に確保されているリスクの低い状態"を指します．食品のリスクはさまざまに存在するため，これらを適切に管理してリスクを低く抑えることが"食の安全"につながります．

私たちは，毎日を健康で，かつ，豊かな心で生活できることを願い，生きるためのさまざまな食品を常に摂取する生活習慣を身につけています．多くの食品を購入する際，その食品が安全であることを前提（主観的）にしており，飲食店又は家庭では加熱・加工調理等をしますが，時としてはそのまま食卓にあげ，食品メーカーに対する信頼のもとに食事をして，満腹感と満足感を得ることで日常の食生活を営んでいます．久しぶりの家族との外食で食中毒を起こし，病院に搬送され，最悪の場合，尊い命を奪われる事件・事故に出くわすことなど，想像すらしていません．しかし，稀にとはいえ，食中毒による事件・事故は現実のこととして私たちの周りで，日常的に発生しているのが実態です．

では"安心な食品"とはどのようなものでしょうか．これには消費者など受け取る側の気持ちの問題が大きく影響してきます．一般的には，食品への心配や不安が取り除かれた状態をいいます．行政・食品事業者等の誠実な姿勢と真剣な取組み，及び消費者への十分な情報提供がなされることにより，当該製品の安全が守られていることが確信できるのです．このことにより，消費者の信頼が確保され安心につながります．

2.1 食品安全のなりたち

　消費者の安心を得る手段として，筆者が勤務していた乳製品製造業では，工場の見学会を積極的に行い，ものづくりの現場を実際に消費者の目で見てもらい，安全と安心そして信頼を体感してもらう取組みを積極的に，かつ，継続して行いました．見る側からは"あそこまで衛生管理が徹底されて製品が作られて出荷されているのだ"ということを知る機会となり，見られる側としても"いつでも消費者が自分たちのものづくりの行動を見ているのだ"ということを意識して仕事に取り組む姿勢が身につきます．製品づくり現場を見てもらうことで，互いに安全・安心・信頼のトライアングルが築かれるのです（図2.1参照）．

　食の安全と安心は区別して考えなければなりません．食品メーカーのキャッ

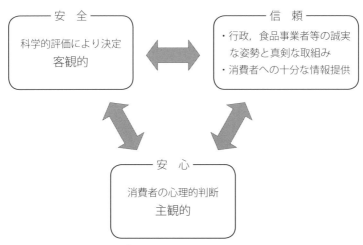

■消費者が商品を選ぶ判断基準
　① この店のものなら安心だよ！（暖簾・ブランド力）
　② 期待を裏切らない価格設定（安くても品質が確か）
　③ "この会社の製品なら安心だね！"といわれる（見える化への取組み）

[" 食に関する「安全」と「安心」の考え方について" 資料3（東京都福祉保健局食品安全推進計画平成27年度2月策定資料）を参考に筆者が作成]

図2.1 安全・安心・信頼のトライアングルの相関図

チフレーズや新聞・テレビなど，メディアの取扱情報には"安全安心な○○"の表現が多く用いられ，あたかも"安全と安心"が一緒であるかのように言い表されています．しかし，"安全"と"安心"は全く意味が異なることを認識しておかなければなりません．安全が損なわれた食品を市場に出荷して，もし消費者の身体的被害を発生させてしまった場合，その製品を供給した企業又は店舗は，消費者から見放され，売上げが大幅に低下していくことは必定です．また最悪の場合，存続が危ぶまれ，倒産に追い込まれる結果を招いた企業も過去に多数報告されています．

　消費者からの支持を得るためにも，食品を製造・加工・販売する事業所や大量の食品を流通・販売する大手チェーン店，さらに，消費者と直接接する小規模店舗などにおいては，品質の安全を確保して，その安全を消費者にわかるように伝え，消費者に安心を感じてもらえるような取組みを積極的に行い，信頼関係を築く必要があるのです．

2.1.3　安全と安心の判断根拠

　皆さんが食品を購入する際，"この会社の製品なら安全だ！""この国の食材なら安心だ！""この会社は信頼できる！"といった自分なりの判断基準があると思います．製造企業名や製品広告，品質管理情報（安全管理体制の取組み等），生産国名，販売価格など，それぞれに購入するときの判断基準を決めて商品を購入されていることでしょう．

　近年，食のグローバル化が進み，海外からの原材料や加工品が市場に供給されていることは日常のこととなり，津々浦々であらゆる食品類が消費者に届けられ，販売され，そして消費されています．

　食の安全・安心を消費者が客観的に判断できるような伝え方として，HACCPや食品安全マネジメントシステムなど，食の安全管理認証取得企業であることを積極的に伝える表示やアピール活動が製品購入の有効な判断根拠として用いられています．今後ますます，納品先や消費者から確かな衛生環境体制の下で，食の安全・安心管理体制に取り組む企業姿勢が強く要求されてくる

2.1 食品安全のなりたち

でしょう．

2.1.4 我が国の食の安全保証体制の実態

　私たちが毎日摂取する食品の安全性は，何をもって安全であると判断すればよいのでしょうか．だれもが不安視しながらも義務的に毎日の食生活を営んでいるのが実情といえます．そんな不安を払拭して疑問に応える食品衛生管理の国際標準と呼ばれている HACCP を我が国において普及させるため，国をあげて取り組む法令が制定されました．前述のように，2018 年 1 月から開催の第 196 回通常国会において，"食品衛生法等の一部を改正する法律案" が衆参両院本会議を全会一致で通過し，"HACCP の制度化" は，我が国の食の安全管理体制を強化する位置付けとして明確に法律で定められ，2021 年 6 月の施行が決定されました．

　これまでに発生した集団食中毒，BSE 問題や鳥インフルエンザ，食品偽装・改ざん問題や日常的に発生している食品の回収事案等，食にかかわる事件・事故はとどまることなく繰り返されているのが現実です．消費者の食に対する不安と不信は，拭い去ることのできない社会問題として重要視され，また不安視されています（表 2.1，32 ページ参照）．

　食のグローバル化に伴い，日本食のすばらしさを求めて来日する海外観光客が増加している今，日本食の安全性を世界に伝えるよい環境が整っています．しかし，我が国から海外に向けて，政府が積極的に推進している成長戦略の一環として位置付けて取り組む農林水産物・食品の輸出は伸び悩みをみせています．その原因に，日本の GAP（Good Agricultural Practices：農業生産工程管理）認証対応や HACCP を基礎とした安全で安心な食品を提供する衛生環境体制が十分でないことが指摘されています．

　また，2020 年東京オリンピック・パラリンピック競技大会開催国として，内外から訪れる多くの人に，日本食に対する関心と期待に応えるよい機会となり，日本のすばらしさをあらゆる角度から気付いてもらい，いつまでも印象に残る国となるよう，食の安全管理体制の整備による衛生環境づくりが強く求め

られています．

　食品の安全で安心できる衛生環境づくりに呼応する手段として，世界で取り入れられている食の安全管理手法 HACCP の制度化は，我が国の食の安全性を内外にアピールする最大の機会として捉え，法令の見直しが進められてきました．

　2015 年 1 月から始まった"食品の衛生管理の国際標準化検討会（厚生労働省／農林水産省）"は，従来の画一的な衛生管理基準を見直し，HACCP の制度化によりその導入を進め，異物混入や食中毒の予防など，食品の安全性の向上を図る必要があるとの認識から，2016 年 12 月に最終報告書を提出し，HACCP 制度化（義務化）を推進することを明確に示し，今回の食品衛生法の一部改正になったのです．

2.1.5　求められる海外からの食の衛生管理保証体制

　我が国は，2020 年までに農産物輸出額 1 兆円の目標を掲げて，積極的に日本の農産物輸出拡大に取り組んでいます．しかし，2017 年 2 月時点の輸出額は 8 000 億円止まりと発表され，目標の 1 兆円には届かず，目標達成に黄色信号が点灯したと報じられています．伸びが頭打ちになっている理由の一つが"農業や食品産業の現場で輸出をにらんだ体制づくりが進んでいない"と，2018 年 2 月 3 日の日本経済新聞電子版で農林水産物の輸出振興担当・宮腰光寛首相補佐官が述べています．

　衛生に関する国際基準"危害要因分析による必須管理点管理方式（HACCP）"を，米国や欧州連合（EU）などは多くの食品で輸入の条件にしており，欧米市場を"にらむ"のであれば，HACCP の導入や食品安全マネジメント認証取得は欠かせない要求事項となっています．しかし，農林水産省の統計によるとHACCP を導入している日本の食品メーカーは，約 3 割にとどまる状況にあります．特に，中小企業での遅れが目立ち，"食の安全"を求める世界の消費者ニーズへの対応が遅れている状態が続いています．欧米などの大手流通業界が要求する農産品の国際認証"グローバル GAP"は，求める製品の製造段階上

流となる生産過程の肥料や農薬の管理から労働環境まで細かく管理規定する仕組みを要求しています．世界ではすでに約 18 万の農業者が取得していますが，日本では約 400 件にとどまる状況が続いています．世界の大手流通業界では，グローバル GAP がない農家からは製品を調達しない傾向が強まっており，いくらよい農産物を作っても競争の舞台にすら立てない状況にあります．

2020 年東京オリンピック・パラリンピック競技大会では，選手村などの関連施設で取り扱う，選手及び関係者に提供する食品に対しては，GAP 認証のない食品は納品できないことが IOC（国際オリンピック委員会）から伝えられています．同大会開催国でありながら，自国の食材が納品利用されない状況であることを危機的に捉え，農林水産省から関係関連機関に GAP 認証取得を目指す取組みが積極的に行われています．また，これを機会に国産農産物・畜産物・水産物を世界に輸出できるビジネスチャンスとみて，GAP 認証はオリンピック以降，将来の国内産業生残り策の目玉事業に位置付けて関係団体組織が取組みを始めています．

2.2　HACCP の誕生とその問題点

2.2.1　HACCP の誕生

HACCP は"Hazard Analysis and Critical Control Point"の略で，日本語訳は一般に"危害要因分析による必須管理点管理方式"が使われています．

HACCP は，人類を月に送り込む米国のアポロ計画が進められていた 1960 年代，宇宙食などの食品の安全性を確保するために NASA（アメリカ航空宇宙局）を含む米国の各機関によって確立されました．その後，1973 年に米国食品医薬品局（Food and Drug Administration：FDA）が缶詰食品のボツリヌス菌による汚染事故を契機に"低酸性缶詰食品規則"を公布して，HACCP を製造基準として取り入れたのですが，広く普及することはありませんでした．

1982 年アメリカ中西部で，ハンバーグを原因とする腸管出血性大腸菌 O157 による大規模食中毒事故が発生し，この防止対策に HACCP システムが

有効であると再評価され，産業界や規制官庁もこのシステムを積極的に取り入れ，食の安全管理確保手段として普及しました．

当時のクリントン第42代米国大統領は，HACCPの必要性を示す有名な言葉"Food Safety from Farm to Table"を発表し，今でも語られています．食品の安全は，食品製造・加工の段階のみならず，原材料の生産から最終消費者の食卓上の食材の取扱いまでのすべての段階で行われなければ役に立たないということを示した標語です．あってはならない，食品を原因とした生命を脅かす事件・事故を限りなく防止する手段に，HACCPによる食の安全管理手法は世界標準としていま多くの国々で運用されています．

2.2.2 我が国のHACCP取組み―総合衛生管理製造過程承認制度の導入

我が国においては，1995（平成7）年に，食品衛生法へHACCP方式を導入した"総合衛生管理製造過程の厚生労働大臣承認制度"（通称"マル総"）が創設されました．

筆者が勤務していた乳酸菌飲料製造工場においても，認証第1号事業所を目指して，工場長をリーダーとしたプロジェクトチームを編成し，開発部門を含むすべての製造工程代表担当者を選出して，統括地域保健所職員と連携・指導を受けながらシステム構築に取り組み，初期の目的どおりに登録証を入手したことを記憶しています．

この制度は，製造基準が定められた乳，乳製品，食肉製品，容器包装加熱殺菌食品，魚肉練り製品，清涼飲料水の製造・加工工場だけを対象とするもので，他の食品については対象とされず，政令で定める6食品を製造・加工する施設ごとに，任意の申請に対して審査を行い，承認するものでした．承認を受けた施設では，法令に規定する製造基準に適合しない製造方法による食品の製造・加工が可能になるという規制を弾力化する制度でもありました．しかし，この制度にはコーデックス委員会（国際食品規格委員会の通称．Codex）のHACCP 7原則12手順（3.1.2項，46ページ参照）は取り入れられているものの，HACCPそのものではないと指摘されました．

マル総は，認証取得事業所となることが目的となり，HACCP本来の自主衛生管理手法の普及び定着とは異なった認証制度となり，"HACCPは取得するもの・HACCPは難しい・HACCPはお金のかかるもの"の印象が国内に蔓延してしまいました．さらに，2000年6月に，大手乳業工場で製造された製品から黄色ブドウ球菌毒素（エンテロトキシン）を原因とした大規模食中毒事故が発生しました．この工場が総合衛生管理製造過程認証工場であったことから，HACCPでは食の安全確保はできないとの印象を強く植え付ける結果となりました．

以降，日本版HACCPシステムと呼ばれたマル総の承認制度は，普及拡大することなく現在に至り，このたびの食品衛生法の改正とともに一定の役割を果たしたと評価され，廃止されることになりました．

2.2.3 フードチェーンに普及しなかった仕組みの課題

我が国のHACCP導入状況は，大手製造業では資本金100億円以上で96％，中小規模の製造業では資本金1〜50億円未満で74％となっており，零細事業所を含めた全体の普及状況は38％と報告されています［農林水産省調査結果（平成28年度）］．

我が国において，なぜHACCPの普及が他の国々と比べて遅れているのか，専門家の意見や各種レポート情報類から整理すると，"HACCPは難しい・HACCPはお金がかかる・HACCPの知識をもった人材がいない"などがキーワードとしてあげられています．"HACCPは難しい"という印象は，厚生労働省（当時の厚生省）が進めたマル総に起因しているという意見が多く聞かれます．より完璧なHACCPを追求して，建屋のパーテーション不備や手洗い設備や入場時の設備不足などに改善を求めたこと，ものづくりの現場におけるハードの改善要求が大きな足かせとなり，"HACCPは金がかかる"といううわさが広まり，"予算がない・大きな改造工事が必要だ・うちの会社でHACCP導入は無理だ"などと印象付けてしまいました．

HACCPでは，工程内の危害要因（食品を安全でなくする原因物質）を"微

生物的"化学的"物理的"の三つの側面から発生頻度と重篤性などを評価して重点管理監視することを求めています．しかし，日本版 HACCP システムの導入時は，工程の品質を低下させる要因物質まで危害として抽出して監視・管理することを求めたことにより，仕組みの複雑化と要求事項の煩雑性を印象付けてしまいました．そのうえ "HACCP の知識をもった人材がいない" という HACCP に対する拒絶的印象を蔓延させる結果となったことが，我が国の HACCP 普及遅延の原因にあげられています．

今検討されている HACCP 制度化は，これまでの過程を踏まえて反省して，あらゆる食品取扱事業所に対してでも取り組めるような HACCP 普及プログラムを多くの検討会や関係機関と調整して，制度の改正が進められています．

2.2.4 再度取り組む HACCP 普及対策―HACCP 制度化のねらい

1996（平成8）年9月，厚生省（当時）から HACCP システム普及推進のため，食品衛生法に "総合衛生管理製造過程" 承認制度が制定されて以降，1998（平成10）年に "食品の製造過程の管理の高度化に関する臨時措置法" が公布され，6業種に限らずすべての食品製造業などに HACCP システムを取り入れて管理・普及させることが示されました．そして，2013（平成25）年6月にその HACCP 支援法が2023年6月末まで延長されることが決定されました．また，2004（平成16）年2月，"食品等事業者が実施すべき管理運営基準に関する指針（ガイドライン）" が示されたのち，2014（平成26）年5月には，自治体の条例を HACCP の制度化（義務化）を見据えて，2015（平成27）年4月までに条例に HACCP 管理を取り入れた基準に改正することを要請しています．

2023年6月までには，HACCP は食品を取り扱うすべての事業所に普及すべきものとして，改正食品衛生法案が審議され，2018（平成30）年6月に食品衛生法等の一部を改正する法律が公布されました．厚生労働省は，2020年東京オリンピック・パラリンピック競技大会を見据えて，開催国としての食の安全管理体制を内外に示す必要があります．また，日本の農産物・畜産物・水

産物を世界に輸出するビジネスチャンスを推進するには競争力を高める条件として，世界標準とされる食の安全衛生管理プログラム HACCP 手法を取り入れた環境づくりは，グローバルな食品流通社会に参入する絶好の機会でもあります．HACCP 制度化が食品衛生法で明確に法律として示され，すべてのフードチェーンに適用を受けることは，我が国における食品の安全管理保証制度の前進となり，日本食の世界へと飛躍する起爆剤となることが期待できます．

2.2.5 制度化で HACCP を定着させる課題—零細事業所への手厚い取組支援

HACCP 制度化に向けて法整備は計画どおり進められますが，制度化に伴い，小規模・零細事業所の HACCP 構築と運用をどのようにサポートできるかが今後の大きな課題となります．1〜10 人規模の製造・販売事業者が，このたびの HACCP 制度化に伴い，日常の生産・販売業務の中での，これまで習慣化できていない手順書に従う作業管理や作業結果の記録付けなどは，小規模零細事業所にとって管理作業の負担増加となり，継続維持が困難となることでしょう．運用面で手厚い支援体制を確実に実行する仕組みを取り入れ，後方支援を継続して行うことが，HACCP 制度化を維持，そして定着させる鍵となります．

厚生労働省は，制度化対応策として，わかりやすく HACCP を理解できる教材である"HACCP 入門手引書"や"（動画）HACCP 導入のための手引き""衛生管理普及のためのモデル例""食品衛生管理の手引き（飲食店編）"など，すでに多くのガイドを文書として発表しています．また，同省のウェブサイトなど，だれでも簡単に閲覧できる環境を整え，積極的な運用を働きかけています．

また，業界団体からは"衛生管理ガイドブック"で，業種ごとに HACCP 導入の基礎用語解説やモデル手順書を掲載して，取り組みやすい情報と環境提供活動の展開を行い，経営者や実務担当者を集めた説明会の開催などで，法令改正に向けての積極的な取組みが行われています．これらの取組みに対して，経営者及びベテランの実務従業員が中心となって，HACCP 制度化に対して，必要性を理解することで自分の事業所に受け入れる姿勢が芽生え，積極的に活

動に参加する環境が整えられるかが鍵となります．

　日常の業務管理事項に対して，具体的な指導・支援する体制を整えることが必要です．そのためには，業界団体からの丁寧な支援と，地域で日ごろから接する機会の多い公益社団法人日本食品衛生協会や衛生監視指導員などとの密な連携体制が求められます．小規模零細事業所に対する手厚い支援体制がなければ，我が国におけるHACCPの運用と継続は再び普及・浸透することはできないと筆者は考えます．

　HACCP制度化がなぜ必要で，導入されない場合の不具合はどのような影響として自分たちの事業にかかわってくるか，デメリット事項を明確に伝えて認識・行動することを求めなければなりません．

引用・参考文献

1) 米虫節夫，金秀哲（2004）：やさしいシリーズ10 ISO 22000 食品安全マネジメントシステム入門，p.110，日本規格協会
2) 米虫節夫，金秀哲，衣川いずみ（2012）：やさしいISO 22000 食品安全マネジメントシステム入門［新装版］，p.151，日本規格協会
3) 小久保彌太郎（2011）：わが国におけるHACCP普及の過去，現在そして将来的展望，月刊HACCP，2011年1月号，pp.20-31
4) 公益財団法人東京オリンピック・パラリンピック競技大会組織委員会（2017）：持続可能に配慮した食材（農産物・畜産物・水産物）の調達基準について，2017年3月13日，資料6
http://tokyo2020.org/jp/games/food/strategy/data/20170313
5) 厚生労働省（2004）：平成16年版 厚生労働白書"現代生活を取り巻く健康リスク―情報と協働でつくる安全と安心－第1章 安全で信頼できる食を求めて
6) 東京都福祉保健局　食品安全推進計画平成27年度2月策定資料（2016）："食に関する「安全」と「安心」の考え方について"資料3
http://www.city.tokyo.lg.jp/hokenfukushi/
7) 一般財団法人食品産業センター 食品事故情報告知ネット
http://www.shokusan-kokuchi.jp/index/

第3章

ISO 22000 と ISO 9001 の類似点と相違点

　この章では，食品安全マネジメントシステム ISO 22000 がどのようなものかを説明します．それとともに，ISO 22000 を理解しようとするときに知っていると大変有効な品質マネジメントシステム規格である ISO 9001 についても説明し，両者の類似点と相違点について比較して，ISO 22000 の理解を深めます．

3.1　ISO 22000:2018 と要求事項

3.1.1　ISO 22000 とは

　本書の主題である ISO 22000 は"食品安全マネジメントシステム―フードチェーンのあらゆる組織に対する要求事項"という名称の ISO 規格です．2005 年に発行され，2018 年に改訂版が発行されました．ISO は International Organization for Standardization（国際標準化機構）の略称で，スイスのジュネーブに本部を置く非政府機関です．ISO では国際的な取引をスムーズに行うために多方面（ただし，電子・電気分野を除く）にわたる規格を制定しており，日本を含む世界中の多くの国が参加して規格の制定，改訂などを行っています．

　ISO で策定する規格の多くは，製品の形状や性能といったモノの規格や，モノを試験・評価するための規格ですが，ISO 22000 は食品安全に関するマネジメントシステム規格であり，少し異なった規格になります．マネジメントシステムという言葉を大まかに説明すると，"会社の方針や目標を定めて，目標を達成するための業務の仕組み"ですので，ISO 22000 は食品安全を達成

するための業務の仕組みに関する規格ということになります．

食品安全を達成するための業務の仕組みに関する規格は，ISO 22000 のほかにも，FSSC（Food Safety System Certification：食品安全認証財団）による FSSC 22000 や FMI（Food Marketing Institute：米国・食品マーケティング協会）による SQF 2000, 一般財団法人食品安全マネジメント協会（Japan Food Safety Management Association：JFSM）による JFS 規格などがあります．これらそれぞれの要求事項に基づいて構築した，食品安全に関する方針や目標をもつ仕組みを本書では総括して FSMS（Food Safety Management System：食品安全マネジメントシステム）と呼んでいます．

3.1.2　ISO 22000 で求められていること

食品安全に関する ISO マネジメントシステム規格である ISO 22000 は図 3.1 のような箇条で構成されています．2005 年に発行された ISO 22000 は，食品分野の基準を統一する動きにより，先に発行された ISO 15161:2001 "ISO 9001:2000 の食品・飲料産業への適用に関する指針"（2010 年 9 月に廃止）を発展させ，デンマークの提案により制定されました．

最新版である ISO 22000:2018 では，他の多くの ISO マネジメントシステム規格とともに要求項目が共通化され，使いやすくなり，さらに，食品安全のために取り組むべき内容がわかりやすく定められています．その中でも，この規格の特徴的なところはやはり HACCP の考え方です．

ISO 22000 では，食品安全を達成するための手法として HACCP 7 原則 12 手順が組み込まれており（表 3.1 参照），HACCP を企業のマネジメントシス

1 適用範囲	6 計画
2 引用規格	7 支援
3 用語及び定義	8 運用
4 組織の状況	9 パフォーマンス評価
5 リーダーシップ	10 改善

図 3.1　ISO 22000:2018 の箇条

3.1 ISO 22000:2018 と要求事項

表 3.1 HACCP 7 原則 12 手順

原則	手順	内容
	1	食品安全チーム（HACCP チーム）の編成
	2	製品の特性を記述
	3	使用方法を記述
	4	フローダイアグラム
	5	フローダイアグラムに基づいた現場確認
1	6	ハザード分析
2	7	必須管理点（CCP）の設定
3	8	許容限界（CL）の設定
4	9	モニタリング方法の設定
5	10	改善措置の決定
6	11	検証方法の設定
7	12	記録の維持管理

テム内で運用することによって効果的に食品安全の維持及び改善を行うことができます．また，ISO 22000:2018 では，リスクに基づく考え方が新たに取り入れられており，製造工程だけでなく会社全体として起こり得る問題にあらかじめ対処するためにとるべき手続きが規定されています．

3.1.3　ISO 22000 の特徴

前述のように，この規格の基本は HACCP の考え方です．ISO 22000 の各項目の概要は表 3.2 のようになり，HACCP の要求事項については箇条 8 に規定されています．そこには HACCP を運営管理するために把握しておくべき情報や必要な資源，また定めるルールや改善に必要な情報など，食品安全を維持・改善し，自社を発展させるために実施すべき事項が定められています．

ISO のマネジメントシステム規格では，具体的な手法や数値は求められていませんので，規格の考え方を理解したうえで自社にあった手順を定めることが大切です．

表 3.2 各箇条の概要

項　目	概　　要
1 適用範囲	この規格を適用する組織，適用することで可能になることを記す．
2 引用規格	この規格の一部を構成するために引用する規格や規範文書を指す．
3 用語及び定義	この規格で用いられる用語とその定義を規定する．
4 組織の状況	社内外の課題や利害関係者を明らかにする．
5 リーダーシップ	経営者による食品安全方針の決定，社内の責任・権限を定める．
6 計画	リスク及び機会を考慮した業務の仕組みを作る．
7 支援	業務を支援する資源を明確にして管理する．
8 運用	HACCPを中心とした業務の仕組みを定めて実施する．
9 パフォーマンス評価	業務の運営結果を評価する．
10 改善	さまざまな運営結果の情報をもとに改善する．

　ここでは，食品安全マネジメントシステムの核である箇条8についてもう少し詳しく説明します．箇条8の各細分箇条は図3.2に示しますが，この箇条は，安全な製品を製造するための実務について規定しています．まず自社の食品安全にかかわる業務についてのルールを定めることを"8.1 運用の計画及び管理"で定めています．食中毒や食品事故を防ぎ，安全な製品を提供するためには，自社にあったルールを定め，維持・改善することが大切ですので，まず仕組みに関して定めていることが重要なポイントです．

　"8.2 前提条件プログラム（PRPs）"では，PRPについて定めています．詳しくは第4章を参照してください．PRPは，製造される製品や工場，組織体制などの管理条件によってその内容や程度が異なります．したがって，ISO 22000:2018では考慮すべき事項しか記されていません．規格の要求事項を考慮したうえで，自社に必要な管理方法を具体的に定めて運営管理することが求

3.1 ISO 22000:2018 と要求事項

```
8.1 運用の計画及び管理
8.2 前提条件プログラム（PRPs）
8.3 トレーサビリティシステム
8.4 緊急事態への準備及び対応
8.5 ハザードの管理
8.6 PRPs及びハザード管理プランを規定する情報の更新
8.7 モニタリング及び測定の結果
8.8 PRPs及びハザード管理プランに関する検証
8.9 製品及び工程の不適合の管理
```

図 3.2 箇条 8 の細分箇条

められていますので，マネジメントシステム規格としては妥当です．

8.2 では，考慮する規格の一つとして"ISO/TS 22002-1 Prerequisite programmes on food safety—Part 1：Food manufacturing"（食品安全のための前提条件プログラム—第1部：食品製造）が規定されています．もちろん必須ではなく，採用するかどうかは組織の必要性によりますが，ISO 22000:2018 では，最新の情報が取り入れられています．

"8.3 トレーサビリティシステム"及び"8.4 緊急事態への準備及び対応"は，製品の安全性に問題が起こった際に被害を最小限にし，速やかに対処できるように仕組みを定めて運用することを求めています．一つはトレーサビリティ（追跡可能性）を維持管理すること，もう一つは発生の可能性がある緊急事態をあらかじめ想定することです．HACCP は未然防止の考え方ですが，食品安全マネジメントシステムとしては発生した場合の仕組みも必須ですので，トレーサビリティ及び緊急事態対応のいずれもが重要な事項となります．

"8.5 ハザードの管理"以降は，HACCP の手順が規定されている細分箇条です．HACCP システムの運営管理を中心的に行う食品安全チームは"5 リーダーシップ"ですが，HACCP の具体的な実施手順として，コーデックス委員会が作成した HACCP 7 原則 12 手順が盛り込まれています．

HACCP 12 手順と ISO 22000:2018 の比較を表 3.3 に示します．12 手順それぞれが該当する要求事項に対応していることがわかります．したがって，原

材料及び最終製品の特性からハザード分析，検証など個々の手順の考え方や実施方法まで詳細に記載されています．もちろんHACCPの土台となる一般衛生管理についても8.2として規定されていますので，食品関連事業者が食品安全を維持・改善するために実施すべき手法が箇条8に定められているということになります．

さて，ここで重点的な管理が必要な工程の管理について，ISO 22000で特徴的に用いられている考え方を説明しておきます．

HACCP 7原則12手順では，原料や製品，製造工程などの情報を収集した後，工程ごとにハザード（危害要因）分析を行い，危害の起こりやすさと起こ

表3.3　HACCP 12手順とISO 22000:2018の比較

手順	HACCP 12手順	ISO 22000:2018
1	食品安全チーム（HACCPチーム）の編成	7.2 力量
2	製品の特性を記述	8.5.1 ハザード分析を可能にする予備段階
3	使用方法を記述	
4	フローダイアグラム	8.5.1.5.1 フローダイアグラムの作成
5	フローダイアグラムに基づいた現場確認	8.5.1.5.2 フローダイアグラムの現場確認
6	ハザード分析	8.5.2 ハザード分析
7	必須管理点（CCP）の設定	8.5.2.4 管理手段の選択及びカテゴリー分け
8	許容限界（CL）の設定	8.5.4.2 許容限界及び処置基準の決定
9	モニタリング方法の設定	8.5.4.3 CCPsにおける及びOPRPsに対するモニタリングシステム
10	改善措置の決定	8.5.4.4 許容限界又は処置基準が守られなかった場合の処置
11	検証方法の設定	8.8 PRPs及びハザード管理プランに関する検証
12	記録の維持管理	7.5 文書化した情報

った場合の篤重性からハザードを評価したうえで重要な工程として CCP（必須管理点）を決定し，許容限界やモニタリング手順などを定めますが，ISO 22000 では，重要な工程を CCP と OPRP（オペレーション PRP）のいずれかで管理します（図 3.3 参照）．

この OPRP は"重要な食品安全ハザードを予防又は許容水準まで低減するために適用される管理手段又は管理手段の組合せであり，処置基準及び測定又は観察がプロセス及び／又は製品の効果的管理を可能にするもの"と定義され，測定可能な許容限界が必要な CCP に対して，OPRP では，測定又は観察が可能な行動基準の決定が求められています．

OPRP の意味は理解しにくい面がありますが，例えば，アレルゲンのコンタミネーションによって重篤な健康危害が起こる可能性があり，器具等の洗浄により防止する場合に，洗浄作業を観察可能な行動基準として管理することが考えられます．また，包丁などの刃が作業中に破損して製品に混入する可能性を，作業前後に破損の有無を確認して混入防止する場合も観察可能な行動基準となり得ます．CCP とするか，OPRP とするかは危害の重大性や製品特性，また企業の考え方などによりますが，OPRP は CCP よりもリスクが低い場合に用いることが多いと考えてよいでしょう．

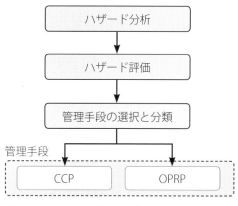

図 3.3 ハザード分析から管理手段選択の流れ

いずれにしても，ISO 22000 はマネジメントシステム規格ですので，危害要因分析や危害要因の評価，また管理手段の選択についても自社の手順を定めて運用することが必要になります．

3.1.4　ISO 22000 の基本的な考え方

このように，食品安全のための手法が組み込まれた ISO 22000 は，一見難しそうにもみえます．しかしながら，この規格の最も基本的な構造は PDCA，つまり図 3.4 のように，Plan（計画），Do（実施），Check（チェック），Act（改善）であり，この規格の考え方になっています．

PDCA は業務を実施するうえで最も基本的な考え方の一つで，非常にシンプルなことも特徴です．さらに，全体構造だけでなく，箇条 8 での運用，つまり HACCP にかかわる要求事項においても PDCA の構造（図 3.5 参照）となっており，食品安全にかかわる業務が PDCA サイクルを回すことにより維持・改善され，企業をよりよくすることがこの規格の目的といえます．

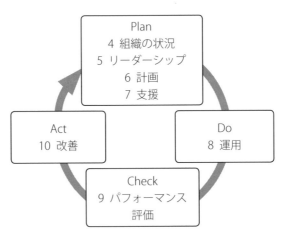

図 3.4　組織の計画及び管理
(ISO 22000:2018，"図 1—二つのレベルでの Plan-Do-Check-Act サイクルの概念図"を参考)

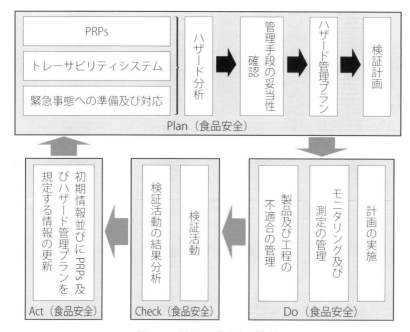

図 3.5 運用の計画及び管理
(ISO 22000:2018，"図1―二つのレベルでの Plan-Do-Check-Act サイクルの概念図"を参考)

3.2 ISO 9001:2015 と要求事項の概要

3.2.1 ISO 9001 とは

ISO 22000 を理解するうえで，事前に ISO 9001 の知識をもっておくことが大切ですので，ここではまず ISO 9001 について説明します．

ISO 9001 の名称は"品質マネジメントシステム―要求事項"です．企業が実施すべき最も基本的な業務について規定された，マネジメントシステムの最も中心となる規格です．国際規格は原則5年ごとに見直しが行われ，必要に応じて改訂・廃止されます．ISO 9001 はこれまで 5～8 年ごとに改訂されていますが，その都度社会やお客様が求める内容となるように見直されています．

例えば，大きな改訂があった ISO 9001:2000 では，企業の不祥事が取り沙汰される中で，それまでの規格の中心だった"工場で作る品質管理"だけではなく，マネジメントシステムを用いて"会社全体でお客様が求める品質を達成する仕組み"が求められるように見直されました．

次に改訂された ISO 9001:2008 は，より柔軟に業務の仕組みが作られるように ISO 9001:2000 から小改訂されたものですが，最新版である ISO 9001:2015 では，さらに大きく変更されました．

ISO 9001:2015 では，多くの点が見直されていますが，要求事項の大きな変更点は"リスクと機会を考慮してこれらに対応する業務の仕組みを作ること"が追加されたことです．

昨今の社会の状況を考えてみると，世界のさまざまな国や地域で自然災害や企業活動に影響するような事件・事故が起こっており，日本でも地震や水害などの災害だけでなく，企業不祥事や悪意をもって起こした事件も発生しています．企業では，これらの問題が発生しないような対応，そして発生した場合はできる限り速やかに回復し，影響が小さくなるような対応が必要です．また，逆に自社にとってプラスとなる要因について考えることも大切です．

食品業界では，少子高齢化や原料価格の高騰など，マイナスの話題ばかりが目に付きますが，従業員のスキルや既存の設備を活かして社会にあった製品を開発することや，さらなる短納期化，コストダウンすることも決して不可能なことではないでしょう．

このように，自社にとって起こり得る不安要因や発展の可能性を考えて活動することは，現代の企業に求められる大切な機能です．新しい ISO 9001:2015 に取り組むことで社会やお客様が求める企業により近づくことができるのです．

3.2.2　ISO 9001 で求められていること

ISO 9001 は，品質マネジメントシステムという名称のとおり，品質に関するマネジメントシステムを実施するための規格ですので，製品及びサービスの品質に関して，会社をよりよくするための仕組みについて定めています．

3.2 ISO 9001:2015 と要求事項の概要　　55

　規格の構造としては，図 3.6 のように PDCA が各箇条にあてはまっており，PDCA を回して自社の品質を維持・向上するという考え方は ISO 22000 も同じです．組織の状況（箇条 4）が土台となって，リーダーシップ（箇条 5）を中心とした PDCA を回す構造となっています．

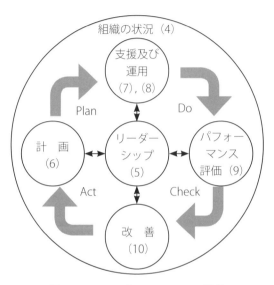

図 3.6　PDCA と ISO 9001 の関係

ISO 9001:2015 の個別の箇条で意図していることは，次のとおりです．

　　　　　　　＊　　　　　＊　　　　　＊

4　組織の状況

　ここでは，自社が達成すべき目的を明らかにするめに，社内だけでなく社外の課題や顧客，取引先，従業員といった利害関係者と利害関係者が求めることを明らかにします．また，これらを考慮したうえで品質マネジメントシステムを適用する範囲を定め，プロセスという業務の単位を定めて運営，管理することで自社が置かれた状況を把握しつつ，自社の組織体制や製品にあった業務の

仕組みを作ることが可能になります．

5　リーダーシップ

次に，経営者が中心となって自社が向かうべき方向や自社内の責任・権限を定めます．昨今の企業を取り巻く環境の中で，社会に対する経営者の責任はより重くなってきています．経営者として説明責任を負うことは当然のことではありますが，お客様を重視し，お客様の要望に応えるため，より積極的に関与するように具体的に実施すべきことが定められています．

6　計画

ここでは，リスク及び機会という言葉を用いて，自社にとって望ましくないことの発生を防止し，望ましいことが増大するように自社の取組事項を決定します．リスクは最小限に，機会はより確実に得られるような仕組みを定め，自社の定めた方向性に向かってどのような方法で業務を行うか，目標を具体的に定めることも求められています．

7　支援

自社が定めた仕組みを適切に運営管理するために，必要な資源をどのように管理するかを定めた箇条が"支援"（箇条7）となります．資源は大きく人，モノ，環境，測定機，知識に分けられ，自社に必要な資源とその管理手順を定めて維持管理することが規定されています．特に，人にかかわる資源については教育訓練の実施や自分自身の役割などを認識させること，また自社内外でのコミュニケーションについての仕組みが必要です．

8　運用

お客様が求める品質の製品やサービスを提供するために，どのように業務を行うのかを規定した箇条が"運用"（箇条8）です．具体的な業務としては，営業活動のような顧客にかかわる業務から，新しい製品を開発する業務，また

社外に業務を委託する業務，原材料等を購入する業務，もちろん製品などを製造する業務についても，自社の手順を定めます．補助的な業務として，半製品や製品など成果物の取扱いを間違えないようにするための識別や問題が起こった際に原因究明を容易にするためのトレーサビリティ，また製品などに不具合が起こった場合の取扱いや処置についても定める必要があります．

9　パフォーマンス評価

　実施すべき業務の手順を定めたら，定めた手順に従って業務を行いますが，ここでは実施した業務がうまくいったのかどうか結果を分析し，改善が必要なのかを評価することを求めています．この箇条はPDCAのC（Check）に相当し，分析・評価を適切に行わないと改善につながりませんので，非常に重要な箇条といえます．分析・評価された結果は，経営者が業務の運用結果を判断するマネジメントレビューの情報として提供され，次のPDCAに向けて指示します．

10　改善

　この箇条は，表題のとおり改善活動について規定しています．企業では，製品不良や出荷ミスなどの社外クレームだけでなく，計量・配合不良などの社内不良，また顧客要求仕様の反映漏れや原材料の発注ミスなどの作業上のトラブルなど，業務を行う中でさまざまな不具合が起こり得ます．しかしながら，不具合が起こるとお客様に迷惑をかけ，状況により企業の経営に悪影響を及ぼしますので，できる限り起こらないように，また，起こった場合には同じ不具合が再発しないように改善することが必要です．

　箇条10では，不具合が発生した場合の対応（修正処置）と再発しないような対応（是正処置）について定めています．企業では，製品だけでなく，業務についても常に改善を行い，より確実に成果を達成できるように仕組みの維持・向上を行うことが大切です．

＊　　　　＊　　　　＊

3.3　ISO 22000 と ISO 9001 の類似点

これまで，ISO 22000 と ISO 9001 の意図や企業が実施すべきことについて説明しましたが，ここではそれぞれの規格の類似点についてみていきます．2012 年 5 月以後に，原則的に ISO が発行するマネジメントシステム規格は，その構造，つまり箇条の構成が同じになっています．以前は個々の規格で箇条が異なっていましたが，さまざまな規格を企業が取り入れる中で構造や名称が異なるとシステムの構築や運用，また見直しの効率が低下しますので，"ISO/IEC 業務指針第 1 部"の附属書 SL（Annex SL）によって構造が統一され，内容についても多くが共通化されました．したがって，箇条の名称は同じになっており，各箇条の記載も共通の内容が多くなっています．

ISO 22000 についても改訂前の ISO 22000:2005 では，箇条は 8 項目となっていましたが，ISO 22000:2018 では，箇条が ISO 9001 と同じ 10 項目となりました．また他のマネジメントシステム規格もおおむね見直しが完了し，前述の附属文書に従った構造に共通化されました．この共通化により，ISO 9001 を導入していた企業が ISO 22000 を追加で導入する場合，これまでは新しい規格を詳細に確認したり，文書の作成や見直をしたりすることに膨大な時間を要していましたが，現在は規格の違いのみを理解し，追加・導入すればよく，最小限の労力で業務の見直しなどを行うことができるようになりました．ISO のビジネスへの利用の幅がさらに広くなったといえます．

3.4　ISO 22000 と ISO 9001 の相違点

これまで説明したとおり，ISO 22000 と ISO 9001 は，PDCA の構造や箇条の名称，また個々の内容も共通の記載が多くなっています．マネジメントシステムの考え方は同じですので当然のことですが，それぞれの規格の目的は違うので，異なる記載も多くあります．なかでも最も異なる記載はやはり "8 運用" でしょう．表 3.4 に箇条 8 の細分箇条を示していますが，内容は大きく異なります．

3.4 ISO 22000 と ISO 9001 の相違点

具体的には，ISO 9001 では多くの業種の企業で適用できる一般的な業務を行う際の実施事項が記されているのに対して ISO 22000 では，HACCP システムが組み込まれている点です．HACCP の土台である PRP を含めて，HACCP 7 原則 12 手順と食品安全に直結するような業務が ISO 22000 の箇条 8 に規定されています．

また，箇条 8 以外の共通項目においても，食品安全チームを組織することやチームの責任が箇条 5 に，外部コミュニケーションに関する具体的な対象が箇条 7 に追加されています．さらに改善の一つとして食品安全マネジメントシステムの更新が規定されており，食品安全に関するさまざまな情報が変わった場合に HACCP システムが適切であるかを評価し，必要な更新を行うことを求めています．

文書や仕組みの見直しは，マネジメントシステムとしては当然の要求事項でありますが，食品安全において更新活動は特に重要なため，食品企業で更新活動を行う手続きを具体的に規定しています．

表 3.4 箇条 8 の細分箇条の比較

ISO 22000:2018	ISO 9001:2015
8.1 運用の計画及び管理	8.1 運用の計画及び管理
8.2 前提条件プログラム（PRPs）	8.2 製品及びサービスに関する要求事項
8.3 トレーサビリティシステム	8.3 製品及びサービスの設計・開発
8.4 緊急事態への準備及び対応	8.4 外部から提供されるプロセス，製品及びサービスの管理
8.5 ハザードの管理	8.5 製造及びサービス提供
8.6 PRPs 及びハザード管理プランを規定する情報の更新	8.6 製品及びサービスのリリース
8.7 モニタリング及び測定の結果	8.7 不適合なアウトプットの管理
8.8 PRPs 及びハザード管理プランに関する検証	―
8.9 製品及び工程の不適合の管理	―

3.5　ISO 22000 の導入に取り組むにあたって

　食品にかかわる事業者に対する食品安全への要求はますます高くなっています．特に，結果としての製品の安全だけでなく，どのような考えで，なぜ安全なのかを積極的に伝える"見える化"が求められているというのが昨今の傾向です．また，お客様や取引先に安心して購入してもらうためには，一時的なものではなく，継続して安全な製品を提供する必要がありますし，問題が起こった場合に自分たちで解決できる能力も企業にとって必須といえます．

　これらの購入側からみて供給側に必要な機能が ISO 22000 には盛り込まれています．つまり，ISO 22000 に従って食品安全マネジメントシステムを導入することによって，自社の考え方を明らかにしたうえで社内関係者に伝え，HACCP システムを使って安全の根拠を明確にすること，また製品だけでなく，業務における問題点も評価し，分析することを含め，再発防止につなげることのできる能力が実現できます．さらに，ISO マネジメントシステム規格の特徴である PDCA の考え方で食品安全を中心とした仕組みを構築し，維持管理できることも企業にとって強みとなるでしょう．

　ただし，食品安全マネジメントシステムを導入する際は，単に規格に規定されていることをルール化するのではなく，規格の意図を理解したうえで取り組む必要があります．

　ISO マネジメントシステム規格はさまざまな業種や業界に適用できるように，抽象的な表現になりがちなため，文言だけを読み取ると形式的なルールになるおそれがあります．ISO 22000 が企業に何を求めているのかその意図を十分に理解し，自社にあったルールとすべきでしょう．もちろん一度決めたルールは必要に応じて検討し，見直すことも大切です．規格では，継続的改善という言葉でマネジメントシステムの改善を求めていますが，他社に打ち勝ち，会社が存続するためには，関係者が一致団結して常によりよくなるように見直しを進めることは必須の機能であるといえます．

　図 3.7 に ISO 22000 の認証を取得する場合の一例として，スケジュール例

3.5 ISO 22000 の導入に取り組むにあたって　　　　61

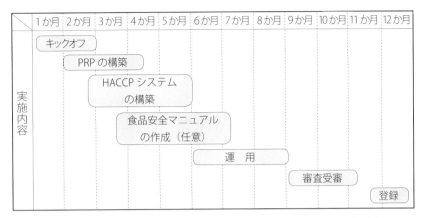

図 3.7 ISO 22000 認証取得スケジュール例（1 年で取得する場合）

を示します．認証取得を進めるにあたって最も大切なことは，経営者の積極的な参加です．認証取得のためには人材配置や設備の購入など，資源の導入や見直しが必要になることもあります．また経営に役立つ仕組みとするには従業員の理解が必要ですので，経営者自らが導入の目的や重要性を説明し，意思を統一すべきでしょう．このような集りや機会はキックオフ大会やキックオフミーティングなどと呼ばれ，導入の初めに全従業員を集めて行います．

　次に，PRP や HACCP システムの構築を行います．この活動の担当は主に食品安全チームとなりますが，事務所の中だけで検討して作成するのではなく，できる限り現場の状況を目で見て確認し，作業している人の情報や意見を取り入れる必要があります．ほとんどの企業では，顧客クレームや社内の不良はそれほど多く発生していないはずです．したがって，今実施していない業務のルールを新たに定めることは少なく，今実施している手順を正しいと考えて，正しい業務手順を明らかにすることが中心となるでしょう．

　自社の仕組み（食品安全マネジメントシステム）が構築できたら，順次運用を開始します．初期の運用では，必要な結果が得られなかったり，決めたルールを現場で守ることが難しかったりすることも起こり得ますので，そのような場合は手順の見直しが必要です．審査までに PDCA を回して自社の仕組みの

問題点を洗い出し，改善することが大切です．

　ISO 22000 は，食品関連事業者が食品安全を通じて顧客に信頼してもらい，結果として自社の繁栄につなげることができる多くの要素が入ったすばらしい規格です．認証機関による審査の必要性は企業によって異なりますが，導入については是非積極的にチャレンジし，ビジネスツールとして活用されることをお勧めします．

第4章 PRP（前提条件プログラム）の ポイント

　PRP（Prerequisite Programme：前提条件プログラム）は，製造環境の全体，"人・モノ（製造）・環境"に関する事項を，清潔（清浄化）にする実践活動のルールや約束事をまとめた文書です．具体的には，製造環境を清掃や洗浄をしてきれいにしたり，現場を整理・整頓して異物混入の原因となるものを取り除いたり，作業者の健康管理や教育をしたりすることなどです．また，食中毒菌などの微生物汚染を予防するために，使用する機械や器具などの洗浄や殺菌をすることも含まれています．

4.1　PRP（前提条件プログラム）

　PRPは，HACCPシステムを効果的に機能させるための前提となる製造環境における衛生管理を実践する項目です．HACCPは，製造工程中に設定したCCP（必須管理点）を正確に管理することよって，食中毒菌などの食品への汚染を予防し，食中毒の発生を防止することでした．そのため，製造環境や作業をする人に関するPRPは，HACCPで必須とする管理点とは考えられていませんでした．

　コーデックス委員会は，1969年に"食品衛生の一般的原則"（コーデックスの一般原則）の初版を発表し，1993年には，コーデックスの一般原則の附属文書"HACCPシステムとその適用のためのガイドライン"を国際的な食品安全の仕組みとして発表しました．1997年に第3次改訂後，2009年に第4次改訂され，これが最新版となっています．

次に"コーデックスの一般原則の PRP 項目"を示します．

① 第一次生産
② 施設：設計（デザイン）及び設備
③ オペレーションコントロール
④ 施設：メンテナンス及びサニテーション
⑤ 施設：個人（従事者）衛生
⑥ 輸送
⑦ 製品情報及び消費者意識
⑧ トレーニング（訓練）

PRP は"一般衛生管理プログラム"（Prerequisite Programme）や"一般的衛生管理プログラム"などと呼ばれていますが，実践する項目は PRP と同じです．また，GMP（Good Manufacturing Practices：適正製造規範）も，ほぼ同じものです．地方自治体の条例で定める"営業施設基準"及び"管理運営基準"も"人・モノ・環境"に対するルールを定め，清浄化する点では，PRP の実践する内容は同じです．

4.2　ISO 22000 と PRP

PRP は，HACCP 計画を効果的に実践するために必要な製造環境を管理する前提となるプログラム（項目）です．ISO 22000 と HACCP，PRP との関連性を図 4.1 にまとめます．

HACCP では，対象となる食品製造工程における危害要因を直接的にコントロール（制御）します．しかしながら，PRP は食品製造工程や生産活動を直接的に制御する項目ではありません．PRP は製造環境から食中毒などの食品事故が起こる可能性を低減させ，異物混入となる物の管理などの方法や内容を決めたものです．

さらに，製造現場で作業する従事者が，食品安全への取組みを理解しながら具体的に実践活動する"食品衛生 7S"があってこそ，PRP は有効的に機能し

ます．なぜなら，食品衛生 7S の概念にあるように（図 4.2 参照），食品衛生 7S 活動の目的が "微生物レベルの清潔さ" を目指しているからです．PRP と食品衛生 7S の内容については，4.4 節で詳しく説明します．

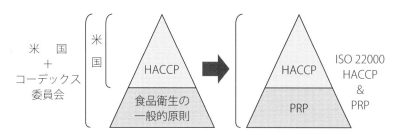

図 4.1 ISO 22000，HACCP 及び PRP の関連性

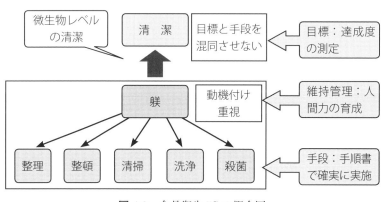

図 4.2 食品衛生 7S の概念図

2018 年 6 月に，ISO 22000:2018 年版が発行されました．2018 年版の発行後，ISO 22000:2005 は廃止となります．ISO 22000:2018 では，PRP は "8.2 前提条件プログラム（PRPs）" の 8.2.4 に次のように記載されています．

> a) 建造物，建物の配置，及び付随したユーティリティ
> b) ゾーニング，作業区域及び従業員施設を含む構内の配置
> c) 空気，水，エネルギー及びその他のユーティリィティの供給
> d) ペストコントロール，廃棄物及び汚水処理並びに支援サービス

> e）装置の適切性並びに清掃・洗浄及び保守のためのアクセス可能性
> f）供給者の承認及び保証プロセス（例えば，原料，材料，化学薬品及び包装）
> g）搬入される材料の受入れ，保管，発送，輸送及び製品の取扱い
> h）交差汚染の予防手段
> i）清掃・洗浄及び消毒
> j）人々の衛生
> k）製品情報／消費者の認識
> l）必要に応じて，その他のもの

8.2.4には，PRPの項目のみが記載されています．食品の安全を確保するための"人・モノ・環境"などを適切な状態で管理する具体的な説明が十分ではありません．そのため，製造現場の状況などに応じて，それぞれの項目の5W2H ["いつ（When）""だれが（Who）""何を（What）""どこで（Where）""なぜ（Why）""どのように（How）""どのくらい（How many）"] にあてはまる具体的な指示が明確にされ，実施されることが重要です．

4.3　ISO 22000 から FSSC 22000

食品産業では，フードチェーンの中ですべての関係者が"食の安全"を実施して初めて強い鎖（chain：チェーン）となります．つまり，HACCPのキャッチフレーズである"Food Safety from Farm to Table"（農場から食卓までの食の安全）が実現されるのです．ISO 22000では，具体的な項目や内容が不足していたPRPの部分を補うために，FSSC 22000（Food Safety System Certification：食品安全システム認証）という食品安全の仕組みが考案されました．

世界的な食品の製造や流通の企業が参加するConsumer Goods Forum（CGF）という団体があります．CGFの傘下に，食品安全の推進母体として

4.3 ISO 22000 から FSSC 22000

世界食品安全イニシアティブ（Global Food Safety Initiative：GFSI）という組織があります．GFSI は 2000 年に発足し，小売業や，製造業，食品サービス業，食品の安全に関する認定・認証機関だけでなく，国際機関も参加する世界的な団体です．

GFSI は，当時の ISO 22000:2005 が PRP に関する要求事項が脆弱であるという理由で認めなかったのです．そして，ISO 22000:2005 の PRP が不足している部分を補足強化するために，英国規格協会（BSI：British Standards Institution）から，2008 年に発表された PAS 220:2008（Prerequisite programmes on food safety for food manufacturing：食品製造のための食品安全における前提プログラム）をあわせた新しい FSSC 22000 をオランダの FSSC が提唱しました．

2009 年，PAS 220:2008 を基本にした ISO/TS 22002-1（Prerequisite programmes on food safety—Part 1: Food manufacturing，食品安全のための前提条件プログラム—第 1 部：食品製造）が発行されました（図 4.3 参照）．その後，PAS 220:2008 は 2012 年に廃止されています．

ISO/TS 22002 シリーズには，"TS" がついていますが，TS とは "Technical Specifi-cation" の略であり，日本語訳では "技術仕様書" と呼ばれます．ISO/TS 22002-1 の技術仕様書の英和対訳版（日本規格協会発行）によると，"1 適用範囲" には，次のとおり記載されています．

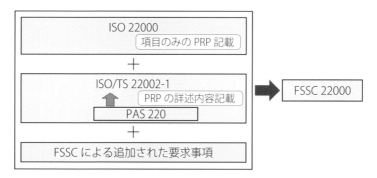

図 4.3 ISO 22000 から FSSC 22000 へ

① 食品安全ハザードの管理する PRP を確立・実施・維持するための要求事項を規定する．
② 食品企業の規模，又は複雑さに関係なく，フードチェーンの製造段階に含まれ，ISO 22000:2005 の箇条 7 に規定された要求事項に示された PRP を実施するすべての組織に適用される．
③ 食品サプライチェーン以外で使用するためには設計されていない．
④ 食品製造の作業は，本質的に多様であり，この TS に規定する要求事項のすべてが個々の施設，又はプロセスにあてはまるわけではない．

つまり，製造現場や製造工程にあわせて，食品の安全を管理する PRP を確立して実施しなければなりません．FSSC 22000 の取組みは，PRP の項目を実施することで，製造環境を清潔に維持するための内容です．FSSC 22000 は，ISO 22000 よりも PRP の項目がより具体的になっているところがポイントです．

また，この TS では，製造作業に関連する，次に示す五つの PRP が追加されています．
① 手直し
② 製品のリコール手順
③ 倉庫保管
④ 製品情報及び消費者の認識
⑤ 食品防衛，バイオビジランス及びバイオテロリズム

FSSC 22000 では，ISO/TS 22002 シリーズ（表 4.1 参照）を採用することになっています．追加された 5 項目には，ISO 22000 に含まれていなかった食品の安全対策のためのフードテロ対策やフードディフェンスなどを含めた PRP の具体的な要求事項が追加されています．

表 4.1　ISO/TS 22002 シリーズ

規格番号 ISO/TS	発行年	内　　容
22002-1	2009	"食品製造"の食品安全のための PRP
22002-2	2013	"ケータリング"の食品安全のための PRP
22002-3	2011	"農業，畜産業，水産養殖業等"の食品安全のための PRP
22002-4	2013	"食品包装材製造"の食品安全のための PRP
22002-5	（作成中）	"輸送・保管"の食品安全のための PRP
（参考） 22002-6	2016	"飼料及び動物用食品の生産"の食品安全のための PRP

4.4　PRP と食品衛生 7S

　食中毒の原因は，PRP の実施の不備や運用がマニュアルどおりにできないことから起こる場合が多いといわれています．PRP は，製造環境を清浄化して食品の安全を確保するための項目です．一方，食品衛生 7S は，微生物レベルの清潔さを目的に製造現場で実践するものですから，HACCP の前提条件の PRP と同じなのです．

　食品衛生 7S は，製造現場で作業するパートやアルバイトにもわかりやすい"整理・整頓・清掃・洗浄・殺菌・躾・清潔"を使います．PRP で使われる言葉よりも簡単でわかりやすいので，食品衛生 7S の実践が進みます．

　表 4.2 に PRP と食品衛生 7S との関連を示します．大まかには PRP は作業を行う対象を示しており，食品衛生 7S はその対象において何を行うかを示しているといえるでしょう．

　PRP は，食品の安全を確保するためには運用ができるように構築しなければならないもので，HACCP の基本的な土台となります（図 4.4 参照）．このため，食品衛生 7S の実践は，PRP をより実行性のある仕組みにしてくれます．したがって，食品衛生 7S は，HACCP 構築の有効な手段となります．

第4章　PRPのポイント

表4.2　PRPと食品衛生7Sとの関連

PRPの項目	食品衛生7S
① 施設の衛生管理	整理・整頓・清掃・洗浄・殺菌
② 従事者の衛生教育	躾
③ 施設設備，機械器具の保守点検	整理・整頓・清掃・洗浄
④ 有害生物の防除	整理・整頓・清掃・洗浄
⑤ 使用水衛生管理	殺菌・清潔
⑥ 排水及び廃棄物の衛生管理	整理・整頓・清掃・洗浄
⑦ 従事者の衛生管理	洗浄・殺菌・躾
⑧ 食品等の衛生的取扱い	殺菌・躾・清潔
⑨ 製品の回収方法	（躾）
⑩ 製品等の試験検査に用いる機械器具の保守点検	整理・整頓・清掃・洗浄・殺菌

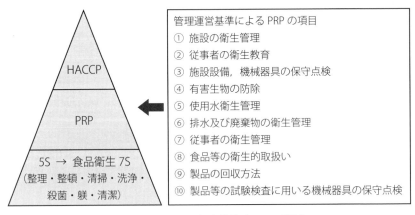

図4.4　HACCPと食品衛生7Sの関連

4.4.1 PRPの実践不足による食中毒事件の例

2012年8月に北海道で発生した白菜浅漬けによる腸管出血性大腸菌O157を原因とする食中毒事件では，PRP運用の不備が主要な原因となっています．

札幌市保健所が行った再現試験の報告書から，その経過などを引用しておきます[1]．このような事例に接するときには，ぜひ自社の現状と見比べて自社工程の改善すべき点などを見つけてください．

＊　　　　＊　　　　＊

❖白菜浅漬けの腸管出血性大腸菌O157汚染事例（2012年）の検討

食中毒を起こした原因施設の白菜浅漬けの製造工程や食品の取扱方法，殺菌時の塩素濃度等について確認し，食中毒が発生した原因を究明するため，再現試験が実施された．

（1）実施日

平成24年9月7日（金）～9月8日（土）の2日間

（2）汚染原因について

原因施設では，事業者及び作業従事者の衛生意識が低かったためにPRPや指示されている作業手順書どおりの運用がされていなかった．外部から当該施設に何らかの経路で持ち込まれたO157が浅漬けを汚染したことが原因であると考えられている．

（3）PRPに関する事項

① 作業区域（ゾーニング）の問題

製造室内で汚染区域（殺菌工程前の作業区域）と非汚染区域（殺菌工程以降の作業区域）が区分されていなかったので，製造工程から微生物汚染が伝播する可能性があった．

② 殺菌時の次亜塩素酸ナトリウム溶液の濃度管理

殺菌時の次亜塩素酸ナトリウム溶液の調製を目分量で行っていた．製造工程では，殺菌工程の塩素濃度が減少していたにもかかわらず，濃度測定

や次亜塩素酸ナトリウム溶液の追加が行われていなかった．
③　使用器具の洗浄殺菌

　　使用した樽の洗浄作業では，洗剤や次亜塩素酸ナトリウム溶液を使用せず，水洗いのみが行われていた．そのほかの器具類の洗浄・消毒方法に不備があり，微生物が残存した可能性があった．
④　使用器具の識別

　　白菜浅漬けで使用する樽，蓋，ざる等の器具類の使用用途が識別されていなかった．
⑤　原材料の管理及び洗浄殺菌

　　ゾーニングが不明確な状態であったので，水洗いされた原材料が殺菌工程を通らないで製造されていた可能性があった．
⑥　給水及び洗浄作業

　　給水ホースは床に直置きされており，給水ホースを洗浄されない状態で使用して樽に給水していた．樽などの洗浄作業が包装工程の近くで行われているので，はね水等が製品を汚染した可能性もあった．
⑦　作業従事者の教育訓練

　　作業従事者の衛生管理意識が不十分だった．

　　　　　　　　　　＊　　　　　＊　　　　　＊

以上からわかるように，PRPの項目が実践されていなかったことから，製品に対する微生物汚染を除去することができない状態になったことによる，起こるべくして起こった事件といえるでしょう．

4.4.2　PRPを構築するポイント

PRPを構築する大事なポイントを次にまとめておきます．
①　PRPは経営者の方針，製品の特性や製造工程，施設設備，作業従事者の能力などに影響されるので，自らの施設で実践可能な事項を設定しま

しょう．
② 食品を製造する施設内で製造環境の衛生管理水準や製品の衛生規格などを設定してPRPを作成しましょう．
③ PRPは，それぞれの施設の管理事項であり，どこかの施設やマニュアル本からの丸写しでは運用や実践ができません．
④ PRPは，具体的な作業内容を記載した文書を作成し，そのルールなどを実行して点検・記録や検証する仕組みです．基本的には，5W2Hで示される内容が必須となります．

実際に札幌の食中毒事件を起こした企業で，どのようなPRP文書を作っておけばよかったのかを，いくつかの例を次に具体的に示しておきます．

① 原材料のキャベツ・白菜の受入れ時

　受入れ時における原材料の品質及び状態から仕入先の会社名，入荷量などを記録します．入荷時の段ボールに汚れがある場合や品質の悪いものは，受取りを拒否して返品するなどのルールが文書化されていることです．

② 原材料のキャベツ・白菜の殺菌工程

　殺菌時の次亜塩素酸ナトリウム溶液の濃度は手順書どおりに行えば，だれが行っても同じ調整状態になります．殺菌記録では，殺菌時の次亜塩素酸ナトリウム溶液の濃度，水温と殺菌時間などを記録して，殺菌がされていることが証明できるようにしましょう．殺菌工程では，表示や目印によってそれぞれの樽が識別できるようすることも重要です．

③ 製造室内におけるゾーニング及び作業従事者に対する衛生管理のルール

　汚染区域（殺菌工程前の作業区域）と非汚染区域（殺菌工程以降の作業区域）における衛生管理上のルールを明確にしなければなりません．汚染区域と非汚染区域で使用される器具が識別され，だれが見てもすぐにわかるようにします．特に，非汚染区域では，殺菌工程以降で製品を再び汚染しないように，作業従事者が決められたルールを順守できるようにしましょう．

④ 使用器具の洗浄殺菌

樽，蓋，ざる，包丁，まな板等の器具類の使用用途が識別され，作業区域ごとに決められた殺菌レベルとなるように，洗浄及び殺菌の手順書が必要です．まずは，整理・整頓されて，必要な数と置き場所などが決められていなければ，洗浄殺菌後に再汚染となる場合もありますので，注意が必要です．洗浄殺菌後の器具は，ATP測定などで数値化したデータの記録があれば，さらによいでしょう．

⑤　事業者及び作業従事者の衛生教育及び訓練

　　この施設では，"食品事故や食中毒は起こらない"という思い込みがあり，事業者や作業従事者の衛生意識が低かったようです．重要な殺菌工程である浅漬けの殺菌処理等も決められたルールどおりではなく，適当に行われていました．施設内に何らかの経路で持ち込まれたO157によって，浅漬けが汚染されても殺菌することができなかったのです．基本は，安全な食品を作るために，事業者はもちろんのことですが，作業従事者の衛生意識が向上するように教育することが重要です．食品衛生7Sを実践すると，すべてが"微生物レベルの清潔さ"を目的としていますので，作業従事者の衛生意識の向上だけでなく，PRPの運用レベルも高くなります．

⑥　作業従事者の健康管理

　　毎日の作業従事者の健康管理は，外部からの食中毒菌の持込みを予防する体調管理だけでなく，食品工場で働くという衛生管理の意識付けにもなります．作業従事者本人だけではなく，家族における疾病の状況まで確認すると，会社内での体調異常，胃腸の不調子，風邪などの蔓延を少なくする対策の一つにもなります．

このように，PRPの実践は，異物混入の対策だけではなく，食中毒の発生被害を予防することになります．作業従事者には，食品衛生7Sを実践する教育訓練がPRPの実践の土台となるのです．

4.4.3 PRP の実践事例

　食品衛生 7S を土台にした PRP の実践事例として，京都府の"きょうと信頼食品登録制度"[2] があります．同府には，長く伝統に裏打ちされた品質の高い食品が数多くあります．この制度は，消費者に安心してそのような食品を購入してもらうために，食品事業者が製造工程における衛生管理に取り組むことで安全性の向上に寄与することを目的に創設されています．具体的な運用として，食品衛生 7S を基本にして HACCP の考え方が取り入れられており，"京の食品安全管理プログラム導入の手引"が同府のウェブサイト（http://www.pref.kyoto.jp/shoku-anshin/ 1300321601263.html）で入手できます．

　この手引では食品衛生新 5S で説明されていますが，さらに発展したものが食品衛生 7S です．また，微生物を原因とする食中毒への対応は，食品衛生の三原則の"付けない，増やさない，やっつける"が重要であり，食品製造環境を微生物レベルの清潔な状態にすることであると説明されています．その他に，原料原産地，アレルギー物質などの食品表示への対応や記録の重要性などを盛り込んで，同府の実態に即した品質管理の仕組みとしてとりまとめられています．

　厚生労働省が中小規模の食品製造事業者の HACCP 取組みへのきっかけとなるように作成した"食品製造における HACCP 入門のための手引書 乳・乳製品編 第 3 版"（平成 27 年 10 月）[4] があり，その第 2 章には，製造環境整備を 5S 活動で実践しようと記されています．以下に本文を転載します．

　　"5S 活動は，食品の安全を確保していく上で基本となります．5S がきちんと機能していないと HACCP は有効に機能しません．5S は'整理'，'整頓'，'清掃'，'清潔'，'習慣'であり 5 つをローマ字にした時（Seiri, Seiton, Seisou, Seiketsu, Shuukan）の頭文字の'S'をとって 5S と名付けられました．この活動の目的は'清潔'で，食品に悪影響を及ぼさない状態を作ることです．5S 活動を実行し，食品の製造環境と製造機械・器具を清潔にすることで食品への二次汚染や異物混入を予防することができます．"

　この文中では食品衛生 7S とは説明されていませんが，清潔な製造環境を

5S活動で目指すのですから,食品衛生7Sの実践活動と同じです.HACCP制度化に向けて厚生労働省が最初に公表した公益社団法人日本食品衛生協会の手引書である"HACCP(ハサップ)の考え方に基づく衛生管理のための手引書:詳細版(小規模な一般飲食店事業者向け)"[3)]にも,食中毒予防の三原則を基本にした衛生管理の実践と小規模な一般飲食店で提供されるメニューの注意点をまとめた衛生管理計画の作成についてまとめられています.

このように,食品衛生7Sによる実践がPRPの実践となり,HACCPシステム構築の前提条件になります.参考に"京の食品安全管理プログラム導入の手引"にある項目を表4.3にまとめました.この書式を活用すれば,自社にあるPRPや衛生管理の状態を容易に"見える化"することができます.

表 4.3 "京の食品安全管理プログラム導入の手引"にある項目の一覧

様式	項目	対象
1	管理作業手順(基本書式) ① 作業場環境 ② 作業場床・排水溝 ③ 内壁(床面から1m以下) ④ 換気扇 ⑤ 機械・器具類 ⑥ 作業台 ⑦ ふきん ⑧ まな板 ⑨ 包丁 ⑩ 保管庫 ⑪ 冷蔵庫・冷凍庫 ⑫ トイレ ⑬ 使用水 ⑭ 防鼠・防虫 ⑮ 排水・廃棄物	一般衛生管理プログラム
2	従業員等の衛生管理点検表	
3	工程管理表	HACCP関連書類
4	原材料調査表	

4.4 PRP と食品衛生 7S

表 4.3（続き）

様式	項目	対象
5	原材料受入確認書	HACCP 関連書類
6	計量・配合記録書	
7	焼成記録書	
8	賞味期限設定指図書・包装確認書	
9	製品出荷確認記録書	
10	製造食品仕様書	
11	賞味期限設定表	
12	商品容器包装の材質調査票	
13	栄養成分調査票	

引用・参考文献

1) H 24.10.22 札幌市保健所食の安全推進課 浅漬による O157 食中毒事案に係る再現試験の結果等について
2) 京都府 "きょうと信頼食品登録制度"
   http://www.pref.kyoto.jp/shoku-anshin/1273717136668.html
   ※ウェブサイトにある外部リンクの "京の食品安全管理プログラム導入の手引"
3) 公益社団法人日本食品衛生協会，"HACCP の考え方に基づく衛生管理のための手引書：詳細版（小規模な一般飲食店事業者向け）"
   https://www.mhlw.go.jp/stf/seisakunitsuite/bunya/0000179028.html
4) 厚生労働省 食品製造における HACCP 入門のための手引書 乳・乳製品編 第 3 版（平成 27 年 10 月）
   https://www.mhlw.go.jp/stf/seisakunitsuite/bunya/0000098735.html

第5章

ISO 22000
―構築方法とマニュアルの事例

　この章では，ISO 22000 に基づく食品安全マネジメントシステム（以下，"FSMS"という）の構築方法とマニュアルの事例を紹介します．"構築"とは，規格要求事項（以下，"規格"という）を読んで，自社でどのように運用すればよいか，具体的なルールを作り，必要なものは文書化，記録フォーマットを用意することです．

　規格の要求は抽象的で，具体的な方法は示していません．そのために，意味が理解できなかったり，やるべきことのイメージがつかみにくかったりすることがあります．

　しかし，具体的に示していないのには理由があります．管理の程度と方法は，取り扱う製品やラインの特性，会社の規模，あるいは顧客要求などによって異なります．そのため，具体的に示してしまうと，それぞれの会社にあった管理ができなくなってしまうので，抽象的な書き方になっています．

　したがって，FSMS を構築する際は，自社でどこまでの管理が必要か，管理レベルを見極めて，だれが，いつ，どのように管理するかを決めなければなりません．決めたルールを忘れないようにするために，"食品安全マニュアル"のようなルールブックを作成してもよいでしょう．

　システム（以下，特に断りがなければ"FSMS"や"マネジメントシステム"を単に"システム"といいます）は，一概に高いレベルを目指せばよいというものでもありません．必要以上の管理を強いれば，むだな作業が増えて"自分で自分の首を絞める"ことになります．身の丈にあった管理方法を決めて，日々の業務の中で自然と運用できるスタイルを目指しましょう．

なお，自社でHACCPを構築する力がない会社は，業界団体が作ったモデルプランなどを参考にすることが認められています．業界のモデルプランは，次のウェブサイトで公開されていますので，参考にしてください．

一般社団法人食品産業センター（HACCP関連情報データベース）：

https://haccp.shokusan.or.jp/information/search-2/

ただし，モデルプランをそのまま真似するだけでは，システムはうまく機能しません．規格の要求は網羅するよう，また，自社の製造ラインにあうようにアレンジし，その後も維持管理していく必要があります．

この章では，読者に構築のイメージをつかんでもらうため，さまざまな構築方法とマニュアルの事例をあげています．しかし，これらはあくまで事例であり，すべての工場にとって正解とは限りません．前述したように，製品やライン特性，顧客要求などによって管理レベルは変わるので，いろいろな構築の方法やマニュアルの事例を参考しながら，自社にあった方法を探してください．そのため，要所要所で"【参考図書】"をあげておきます．

なお，本書の趣旨から，規格については解説していません．規格の詳細を勉強されたい方は次の図書を参考にしてください．

【参考図書】
1) ISO/TC 34/SC 17 専門分科会監修（2019）：ISO 22000:2018 食品安全マネジメントシステム 要求事項の解説，日本規格協会

5.1 経営環境・状況の把握

FSMSは会社を食品安全の面から改善するための道具です．しかし，使い方を誤ると"日常業務"と"FSMSの仕事"というようにそれぞれの活動に乖離が生じることがあります．それを防ぐためには，FSMSを確立する前に，まず会社が置かれている経営環境をよく把握し，その中でFSMSをどう活かすかを意識してシステムを構築する必要があります．

5.1.1　経営計画と FSMS の目的，適用範囲の決定
(1)　外部・内部の課題抽出（関連する規格：4.1）

会社は経営の中でさまざまな課題を抱えています．食品安全に関する課題は，FSMS を使って解決していきたいので，まずは，経営課題の中から食品安全に関連する課題を抽出します．課題には，外部から影響を受ける"外部の課題"と社内に起因する"内部の課題"があります．

例えば，"同業他社が事故を起こして，食品安全に関する顧客の要求が厳しくなってきた"としたら，これは外部の課題です．一方，"従業員が高齢化してきて，食品安全を含め，技術の伝承が急務"ということがあるとしたら，これは内部の課題です．外部・内部の課題が明確になったら，これらにどのように取り組んでいくかは，次の 5.1.2 項（リスクと機会への取組み）で考えます．

さて，外部・内部の課題を文書にしておく必要はありませんが，審査のときには必ず質問されるので，整理しておく必要があります．図 5.1 のような説明用の文書を作成している会社もありますが，経営会議や役職者会議の議事録を読むと，さまざまな経営課題について日常的に議論されているはずです．そういったものを参照しながら説明することも可能です．

また，課題は常に変化していきますから，時折，課題に変化が生じていないか見直す必要があります．

(2)　利害関係者のニーズ・期待の把握（関連する規格：4.2）

"利害関係者"とは，顧客や最終消費者，原材料の購買先，行政機関，従業員など，自社の事業活動にかかわる人たちです．それらの利害関係者が自社に食品安全の側面から何を望み，期待しているかを把握します．どこまでの関係者を利害関係者として捉え，声を聴くかは会社の判断に任されています．ここで把握した利害関係者のニーズ・期待は，FSMS の適用範囲を決める際に考慮して，次の 5.1.2 項で活用します．

	課題の内容	リスクと機会	FSMS での取組計画
外部の課題	天候不良による主原材料の価格高騰	使った経験のない産地からの購入によって，安全性が担保できないリスク	原材料会議で情報共有 原材料購買機能の強化 検査成績書が出ない場合は自社検査を実施する．
外部の課題	HACCP 制度化	業界的に HACCP 取得済み企業は少なく，すでに ISO 22000 認証取得している当社にとっては差別化のチャンス	営業が ISO 22000 を語れるように，営業向けの社内講習会を実施する．
内部の課題	技術者の定年退職	製造技術が伝承されないリスク	年間教育訓練計画に OJT 計画を盛り込み，技術の伝承を促進する．
内部の課題	技術者の定年退職	技術者の固有技術を標準化するチャンス	OJT を受けた若手作業者による標準作業手順書を作成する（製造部食品安全目標）．

図 5.1 外部・内部の課題とリスクと機会と取組計画（例）

(3) FSMS の適用範囲の決定（関連する規格：4.3）

システムを構築するのに先立って，FSMS の適用範囲を決めます．FSMS は全社・全工場で認証を取得することが理想ですが，工場単体であったり，ライン別や製品別で取得したりすることも可能です．FSMS の取得目的にあわせて，適用範囲を決めましょう．ただし，製品の安全性に影響する部署や業務活動を対象から外すことはできません．

その際，上記（1）であげた外部・内部の課題や上記（2）の利害関係者のニーズや期待を考慮して，適用範囲を決めてください．課題を解決したいのに，課題の中核となる部署が対象に入っていなければ，システムが経営に貢献することができません．

FSMS の適用範囲は文書化してください．

5.1.2 リスクと機会への取組み（関連する規格：6.1）

適用範囲の中で，5.1.1項（1）であげた外部・内部の課題や5.1.1項（2）の利害関係者のニーズ・期待から，どのようなリスクや機会（ビジネスチャンスと言い換えてもよいでしょう）があるかを考えます．そのリスクや機会に対して，FSMSを通じてどのような取組みをしていくかという取組計画を立てます（図5.2参照）．リスクや機会に対しての取組みは，日常業務の中で取り組むものもあれば，食品安全目標にあげて重点的に取り組むものもあるでしょう．いずれにせよ，その取組みについては，定期的に結果を評価し，マネジメントレビュー（5.4.3項，119ページ参照）で経営者に報告します．

○年度事業年度目標［製造部］							
全社目標	製品回収：ゼロ 顧客満足の向上		工場目標			FSMSの効果的運用：外部審査において不適合ゼロ 顧客クレーム：前年比○％削減	
重点課題	施　　策	4月	7月	10月	1月	必要な資源	責任者
ハザード分析の見直し	回収リスクの洗い出し	回収になり得るハザードの追加		管理手段の追加，現場への落とし込み	―		食品安全チーム （製造部メンバー）
機械保全の技術伝承	始業・終業点検強化 （標準作業手順書の作成）	若手OJT	手順書作成	検証		―	製造係長
包装トラブルの削減	○○ライン包装機の更新		○			稟議書 No.○参照	製造2課長 保全課長
	包装機メンテナンス手順の確立		メンテナンス手順の見直し 手順書作成		若手要員への教育	―	製造2課ライン長

図 5.2　食品安全目標（例）

5.1.3　食品安全方針・目標

(1)　食品安全方針（関連する規格：5.2）

食品安全に会社がどこまで取り組むかは経営者の考え方次第です．経営者が売上げや利益のことしか頭になく，食品安全に関心をもたなければ，従業員も

食品安全を第一に考えることができません．そこでFSMSでは，会社の食品安全に対する取組姿勢を，経営者の想いとして文書に打ち出して，従業員と想いを共有することが求められています．

食品安全方針に対しては，方針を策定する際の注意事項として，次のことが要求されています．

① 食品安全方針は，事業方針や経営計画と同じ方向性であること
② 方針を実現するための食品安全目標を設定し，進捗管理・達成度評価の機会を設けること
③ 法令，顧客との食品安全にかかわる合意事項（例えば，製品規格）は順守することを方針の中で明言すること
④ 食品安全に関する情報共有を円滑にすること
⑤ システムを継続的に改善する旨を約束すること
⑥ 食品安全に関する教育に積極的に取り組むこと

食品安全方針は，従業員に周知しなければなりません．周知するうえでの注意点もあります．

① 方針は文書化し，最新版を維持すること
② 会社の中で，すべての従業員が内容を理解して，方針に従って業務を遂行すること
③ 自社の方針に興味がある人が入手できるようにすること（公開，配付など）

方針の周知というと，方針を丸暗記することのように勘違いされますが，言葉を丸暗記しても経営者の真意が伝わらなければ意味がありません．経営者の想いをくんで普段の業務活動に活かせるように，教育を行ってください．

(2) 食品安全目標（関連する規格：6.2）

上記(1)で述べた食品安全方針を実現していくため，また，リスクと機会に対応していくため，具体的な食品安全目標を設定して取り組みます．食品安全目標は，食品安全方針と整合した内容で，法規制や顧客要求を考慮し，具体

的なスケジュールや責任者を設定します．また，目標達成に必要な資源（5.5.3項，123ページ参照）があれば，その用意も考えます．目標が未達になったときに資源不足を言い訳にしないためです．

設定した目標は，関係者に周知し，進捗状況の確認や達成度評価を行います．進捗が悪ければ，期中で方策を見直す必要も出るでしょう．

食品安全目標は関係者との共有が必要なので，文書化する必要があります（図5.2参照）．

5.1.4　責任・権限（関連する規格：5.3）

経営者は，このシステムがうまく機能するように，食品安全チームリーダー・メンバーの指名を含め，食品安全に関する責任・権限を明確にし，社内に周知しなければなりません．例えば，何か問題があったとき，だれに報告すればよいか，だれの指示を仰げばよいか，わかるようにしておいてください．"食品安全マニュアル"を作成するならば，実施責任者も明記しておくとわかりやすいです．

食品安全チームリーダーと食品安全チームの責任・権限については，5.2.2項で解説します．

5.2　HACCPシステムの構築

ここからは，HACCPシステムの構築方法を説明します．

HACCPシステムは，工場で食品安全上の問題が起こらないようにするための予防システムです．HACCPでは，人の健康危害につながるような食品安全上の問題を"食品安全ハザード"といいます．あらかじめハザードが発生しそうな箇所を分析し，管理方法を決める作業が"ハザード分析"です．

HACCPシステムは，例えば，全く新しい製造ラインを立ち上げて，新製品を作るときに役立ちます．過去に製造経験がないものを作る場合，どういう点に気をつけて管理すればよいか，管理ポイントに悩みます．そういうときにハ

ザード分析を行い，問題が起こりそうな箇所を科学的・論理的に抽出し，管理方法を確立すれば，最初から抜け漏れのない管理をすることができます．

一方で，管理方法が確立された既存の製造ラインに，HACCPシステムを導入することも大いに意義があります．既存のラインで現在行っている管理は，そのラインを立ち上げた当初のメンバーが，頭の中でハザード分析をして，管理方法を確立してきたものです．しかし，困ったことにハザードは時代とともに様変わりします．

例えば，厚生労働省の"食中毒年間統計"（表の体裁や注記を編集）をみてみましょう（表5.1 参照）．

1996（平成8）年に発生した食中毒事件の中で最も患者数が多い病因物質はサルモネラ属菌（40.1％）でした．しかし，2017（平成29）年にはノロウイルス（51.6％）に代わっています．このように，ハザードも時代とともに変化するので，以前に決めた管理方法がすべてのハザードに有効とは限らないのです．

そこで，あらためて既存の製造ラインのハザード分析をすることで，現在の管理方法に抜けや漏れがないかを確認します．

FSMSに取り組むときは，とかく"書類を作って審査に通らなくちゃ！"と文書作成に注力しがちです．しかし，大切なのは，ハザード分析で管理の抜け漏れをチェックし，不足を補強することで，現場の管理精度を上げることです．いくら書類を作っても現場に反映されなければ，書類は"ただの紙切れ"に過ぎません．

HACCPシステム構築に関する参考図書は次のとおりです．

【参考図書】
1) 新宮和裕著（2004）：やさしいHACCP入門，日本規格協会
2) 荒木恵美子編（2014）：HACCP導入と運用の基本，日本食品衛生協会

表 5.1 病因物質別食中毒発生状況

1996 (平成 8) 年				2017 (平成 29) 年			
	病因物質	患者数	割合(%)*		病因物質	患者数	割合(%)*
病因物質判明総数		41 300	100.0	総　数		16 464	100.0
細菌	総　数	41 025	99.3	病因物質判明総数		15 865	96.4
	サルモネラ属菌	16 576	40.1	細菌	総　数	6 621	40.2
	ブドウ球菌	698	1.7		サルモネラ属菌	1 183	7.2
	ボツリヌス菌	1	0.0		ブドウ球菌	336	2.0
	腸炎ビブリオ	5 241	12.7		ボツリヌス菌	1	0.0
	病原大腸菌	14 488	35.1		腸炎ビブリオ	97	0.6
	ウエルシュ菌	2 144	5.2		腸管出血性大腸菌(VT産生)	168	1.0
	セレウス菌	274	0.7		その他の病原大腸菌	1 046	6.4
	エルシニア	0	0.0		ウェルシュ菌	1 220	7.4
	カンピロバクター	1 557	3.8		セレウス菌	38	0.2
	ナグビブリオ	36	0.1		エルシニア・エンテロコリチカ	7	0.0
	その他の細菌	10	0.0		カンピロバクター・ジェジュニ/コリ	2 315	14.1
化学物質	総　数	47	0.1		ナグビブリオ	—	—
	メタノール	0	0.0		コレラ菌	—	—
	その他	47	0.1		赤痢菌	—	—
自然毒	総　数	228	0.6		チフス菌	—	—
	植物性自然毒	181	0.4		パラチフス A 菌	—	—
	動物性自然毒	47	0.1		その他の細菌	210	1.3
					ウイルス	8 555	52.0
					ノロウイルス	8 496	51.6
					その他のウイルス	59	0.4
				寄生虫	総　数	368	2.2
					クドア	126	0.8
					サルコシスティス	—	—
					アニサキス	242	1.5
					その他の寄生虫	—	—
				化学物質		76	0.5
				自然毒	総　数	176	1.1
					植物性自然毒	134	0.8
					動物性自然毒	42	0.3
				その他		69	0.4
				不　明		599	3.6

編集注　各病因物質の"割合(%)"は, 病因物質判明総数に対する各病因物質の割合である.

5.2.1　PRPの構築（関連する規格：8.2）

HACCPシステムを構築する前の段階として，PRPの確立が求められています．PRPがどのようなものであるかは，第4章を振り返ってください．

PRPを確立するための条件が規格で示されています．次の点は押さえておいてください．

① 会社や経営環境を踏まえてPRPを確立すること
② 規模や製品特性に合ったPRPを確立すること
③ 工場全体で運用すること（FSMSの適用範囲が工場の一部であったとしても，PRPは全体で運用すること）
④ PRPは食品安全チームの承認を得ること
⑤ PRPを確立するときは，法規制や顧客要求，あるいはISO/TS 22002シリーズ，業界のガイドラインなどを参考にすること

①から⑤よりいえることは"PRPは一律ではない"ということです．製品特性やライン特性，会社の規模や業態によって変わるので，他社や業界のモデルプランを丸写しするだけではうまく機能しません．自社に必要なPRPとは何かを模索していきましょう．

PRPの実施手順やチェックの体制を作り，文書化しましょう．

【参考図書】

1) 食品産業センター編（2014）：HACCP基盤強化のための衛生・品質管理実践マニュアル（2014年版），食品産業センター
　※次のウェブサイトからダウンロードできます．
　　https://haccp.shokusan.or.jp/basis/general/mn1/

5.2.2　食品安全チーム（関連する規格：5.3.2及び7.2）

HACCPを含めてFSMSを構築し，運用していく主導的役割として，食品安全チームを編成します．食品安全チームとチームリーダーは経営者が指名します．

5.2 HACCPシステムの構築

食品安全チームリーダーはFSMSの構築・運用の統括責任者となります．FSMSが効果的に構築・運用できるように，食品安全チームをマネジメントし，結果を経営者に報告する責任を担っています．

食品安全チームはHACCPの構築・運用の中で，PRPの承認やハザード分析の実施，HACCPの検証など，実務機能も担っています．したがって，さまざまな専門性が求められます．少なくとも，次の項目に詳しい人をメンバーに含める必要があります．

① 製品
② 工程
③ 機器
④ 食品安全ハザード

不足する要素があれば，食品安全チームのメンバーが教育を受けられるような機会を設けることは食品安全チームリーダーの役割です．

なお，食品安全チームが①から④の専門性を担保していることは，記録で示す必要があります（図5.3参照）．

5.2.3 ハザード分析の準備段階（関連する規格：8.5.1）

ハザード分析を実施する前に，あらかじめ集めておきたい情報があります．
① 原材料，包装資材の食品安全情報（原材料規格書や包材規格書など）
② 製品の食品安全情報（製品規格書など）
③ フローダイアグラム（製造工程図）

これらの書類は，ただそろえればよいのではなく，ハザード分析に活用する必要があります．活用方法についてはそれぞれの項で説明します．

(1) 原材料，包装資材の食品安全情報の収集（関連する規格：8.5.1.2）

原材料や包装資材には，病原微生物や有害な化学物質が含まれる可能性があります．そこで，自社で使用する原材料や包装資材にどのようなハザードが存在するか，ハザード分析で明確にし，管理方法を決める必要があります．

> 規格が求める力量は最低四つですが，運用するうえで必要な力量があれば追加してください．

メンバー	求められる力量						力量の根拠 （職歴・資格など）
	製　品	工　程	機　器	食品安全 ハザード	食品安全 法規制	内部監査 員資格	
○○○○		●	●	●			製造経験○年 工務経験○年 HACCP 研修受講 （○年）
○○○○		●		●			製造経験○年 食品衛生責任者資格
○○○○			●				工務経験○年
○○○○	●				●		開発経験○年 食品衛生責任者資格 食品表示検定中級
○○○○	●			●	●	●	品質管理経験○年 ISO 22000 内部監査員 研修受講（○年）

図 5.3　食品安全チームの力量証明（例）

　そのためには，自社がどのような原材料・包装資材を取り扱っているのか，あらかじめ情報収集することが必要です．原材料や包装資材のメーカーから原材料規格書や包材規格書などを取り寄せる活動がこれにあたります．

　必要な情報は規格が例を示しており，図 5.4 の a) から i) にあたります．しかし，農産・畜産物であれば産地情報が必要ですし，加工品であれば製造工程が知りたいなど，必要情報は原材料によって異なります．どのような原材料にどのような情報が必要かを特定し，入手できる体制を作りましょう．

　原材料・包材情報を得たら，まずチェックすることは，使用する原材料・包装資材が日本の食品安全法規制［例えば"食品，添加物等の規格基準"（この規格基準は厚生労働省のウェブサイト https://www.mhlw.go.jp/ において"食

```
必要な原材料の
食品安全情報
a) 規格値（微生物基準や水分活性，pH，糖度・
   塩分濃度，夾雑物の有無など，原材料の日持
   ちや品質に影響する基準など）
b) 原材料（添加物，加工助剤などの情報を含む）
c) 原材料の由来（アレルゲンなど．原材料に含
   まれている原材料）
d) 加工場所，原材料原産地
e) 製造方法
f) 包装形態，配送条件
g) 保管条件，期限（消費・賞味，使用）
h) 取扱注意事項
i) 合否判定基準
```

図 **5.4**　原材料の食品安全情報（例）

品別の規格基準について"で検索できます）]に合致するかどうかです．最近は輸入原材料を使用することも多く，原産国が違えば，衛生基準も異なります．法令違反の原材料を使用することがないよう，あらかじめ国内基準に合致していることを確認しておきたいものです．必要であれば，検査成績書なども入手しておきましょう．

　原材料・包材情報は常に最新情報が入手できる体制を作ってください．例えば，原材料のアレルゲン情報が変われば，製品の食品表示を変える必要も出てきます．タイムリーに変更情報が入手できるよう，メーカーとの円滑な情報共有が必要です．情報の入手体制は，5.5.4 項（1）の外部コミュニケーションで確立します（126 ページ参照）．必要ならば，定期的な更新制度を設けてもよいでしょう．

(2)　製品の食品安全情報・意図した用途，許容水準の決定

(a)　製品の食品安全情報の収集（関連する規格：8.5.1.3）

最終製品の食品安全情報を文書化したものを作成します．"製品規格書"な

ど，製品情報をまとめた文書があれば，それで代用できます．次の情報が含まれているか確認し，不足事項は補う必要があります．

① 製品名，製品群名
② 原材料
③ 生物的，化学的，物理的特性（製品規格など）
④ 消費・賞味期限，（設定があれば使用期限），保管条件
⑤ 包装形態，材質
⑥ 食品表示，調理方法や取扱注意事項などの説明
⑦ 配送，引渡し方法

製品規格が定まらないと，ハザード分析でどこまで厳密な管理が必要かを特定することができません．ですから，あらかじめ製品規格を文書化して，社内で情報共有できるようにしておきます．

当然のことながら，製品規格は，法的基準に適合している必要があるので，あらかじめ自社の製品に適用される食品安全法規制は調べておく必要があります．

(b) 意図した用途（関連する規格：8.5.1.4）

最終製品が"どういう顧客を対象とした製品か"について，対象顧客を明確にし，文書化します．抵抗力の弱い幼児や老人，あるいはアレルギー体質の消費者に向けた特別な食品など，安全性の配慮が必要な製品かどうかを明らかにします．用途によっては，より厳密な工程管理が必要となり，ハザード分析の中で考慮しなければならないからです．

また，予想される誤使用なども考慮し，文書化しておきます．

食品会社の活動でいうと，製品開発段階で，これらの情報は整理するはずです．なぜなら，用途や誤使用を考慮して，製品の仕様を決めたり，警告表示をつけたりする必要があるからです．

5.2 HACCPシステムの構築

(c) 食品安全ハザードの許容水準の決定（関連する規格：8.5.2.2.3）

製品規格書に関連する要素として，製品の食品安全ハザードの許容水準を決める必要があります．

さて"許容水準"とは何でしょうか．

食品安全ハザードは製品に全く存在してはいけないというわけではありません．例えば，ポジティブリストは残留農薬が野菜に含まれても健康危害につながらない限界量を示しています．ハザードは一定量を超えないと健康危害につながらないものも多いのです．"では，どのくらいの量までなら健康危害を起こさないか"，これが"許容水準"です．

食品の種類によっては，国が"食品容器等の規格基準"の中で定めているものもあります．国の基準がない場合は，決められる範囲で自社基準を決めてください．

この基準を決める際は，法令や顧客要求，製品の用途，疫学情報なども参考にしてください．なお，決めた許容水準値と，なぜその基準でよいのか，許容水準の正当性はあわせて記録しておく必要があります．例えば，初発菌数を決める根拠となった日持ち検査の結果です．もし顧客から，"御社の製品の微生物基準はなぜこの基準値なのですか？"と聞かれたときに，決めた経緯がわからないとうまく説明できません．こういう基準を決めることは会社の固有技術になるので，後世に伝承していくためにも記録が必要なのです．

(3) フローダイアグラム（関連する規格：8.5.1.5）

フローダイアグラムは，自社の製品がどのような製造工程を経て作られるかを"見える化"したものです（図5.5参照）．フローダイアグラムは，製品別や製品群別，あるいは工程別で描きます．対象製品をすべて網羅するように作ってください．

フローダイアグラムは，ハザード分析の"背骨"になります．なぜなら，ハザード分析は，フローダイアグラムに描いた製造工程一つひとつに対して，考えられるハザードを特定し，管理手段を決めていくからです．工程の記載に不

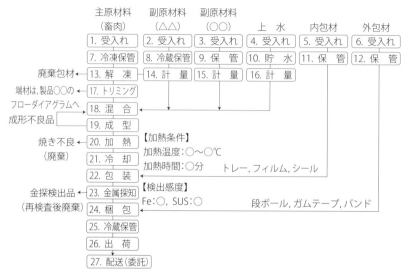

図 5.5 フローダイアグラム（例）

足があると，不足分のハザード分析ができなくなってしまいます．ですから，フローダイアグラムは抜け漏れなく，正確に，詳しく記載しなければなりません．

フローダイアグラムに記載する要素は，おおむね次のとおりです．

① 作業の順番，相互関係
② 外部委託した工程（例えば，外部委託している配送工程）
③ 原材料，加工助剤，包装資材，水や蒸気などのユーティリティ関係，中間製品が入る工程
④ 再加工や再利用（再包装など，元の工程に戻って生産し直したり，別の製品の原材料として使用したりすること）
⑤ 最終製品，中間製品，副産物，廃棄物を除去するところ

フローダイアグラムを描いたら，食品安全チームで現場確認を行い，記載漏れや間違いがないか確認しましょう．確認したフローダイアグラムは検証した証拠として保管しておきます．

あわせて，次の情報も文書化してください．
① 構内配置（平面図など）
② 加工機器や食品に直接接触する材料，加工助剤の流れ
③ PRP，食品安全に影響する管理基準や手順
④ 外部要求（行政機関からの指導事項や顧客要求）

工場の生産は，季節変動やシフトによる変動で，ものや人の流れが変わることがあります．それらも網羅しておいてください．

フローダイアグラムは，常に最新情報に更新してください．

5.2.4 ハザード分析（関連する規格：8.5.2）

さて，ここからハザード分析に入ります．ハザード分析は次の四つのステップで行います．

ステップ1　ハザードの特定
ステップ2　ハザードの評価
ステップ3　管理手段の決定
ステップ4　カテゴリー分け

世の中に存在するハザード分析の様式はいろいろありますが，どの様式もステップ1からステップ4の要素を含んでいます（図5.6参照）．

(1)　ステップ1　ハザードの特定（関連する規格：8.5.2.2）

5.2.3項(3)で作成したフローダイアグラムの工程ごとに，発生するおそれがある食品安全ハザードを列挙します．

今，皆さんの工場の既存の製造ラインは適正な衛生管理が実施されているので，ハザードは発生していません．しかし，全く管理しなかったとしたら，そこにはさまざまなハザードが存在するはずです．現在行っている管理をゼロベースに戻して，考えられるハザードをあげます（図5.7参照）．

食品安全ハザードは大きく分けて3種類あります．
① 生物学的（biological）ハザード：食中毒などの病原細菌や腐敗細菌，

ハザード分析表								
工程No.	工程名	食品安全ハザード	ハザードの評価結果			管理手段	カテゴリー分け				管理レベル
			重大さ	起こりやすさ	評価結果		Q1	Q2	Q3	Q4	

【ステップ1】ハザードの特定　【ステップ2】ハザードの評価　【ステップ3】管理手段の決定　【ステップ4】カテゴリー分け

図 5.6　ハザード分析表（例）：四つのステップ

ウイルス，リケッチア（微生物の一種．大きさはウイルスより大きく，細菌より小さい）などの微生物や寄生虫が食品を汚染したり，食品中で増殖したり，生残したりする可能性を考えます．

② 化学的（chemical）ハザード：自然毒や化学物質（薬剤やアレルゲンなど）の混入の可能性を考えます．

③ 物理的（physical）ハザード：硬質異物（金属片やガラス片，木片，骨片など）の混入，残存の可能性を考えます．

ハザードの特定は，製造工程だけでなく，原材料そのもののハザードも行ってください．事前に収集した原材料の食品安全情報（原材料規格書）から，原材料にどのようなハザードが想定されるかを考えます．

また，自社の製品が客側でどのように使われるか（そのまま喫食，あるいは加工）によっても，ハザードは変わります．設備構造や材質，製造する周りの

5.2 HACCPシステムの構築

工程No.	工程名	食品安全ハザード	ハザードの評価結果			管理手段	カテゴリー分け				管理レベル
			重大さ	起こりやすさ	評価結果		Q1	Q2	Q3	Q4	
20	加熱	B：病原微生物の生残									
		C：なし									
		P：硬質異物の混入									
21	冷却	B：病原微生物の増殖									
		C：なし									
		P：なし									
22	包装	B：病原微生物の汚染									
		C：なし									
		P：硬質異物の混入									
23	金属探知	B：なし									
		C：なし									
		P：金属異物の除去不良									

図 5.7 ハザード分析：ハザードの特定（例）

環境によっても変わります．

　ハザード分析は机上で行うだけではなく，現場の実態を踏まえ，ハザードが起こる状況を正確に捉えて，特定していく必要があります．

　また，病原細菌一つをとっても，熱に弱いサルモネラ属菌と耐熱性毒素を産生する黄色ブドウ球菌とでは，管理手段は分けて考えなければいけません．硬質異物でも，機械から脱落する部品と原材料由来の骨片では，管理手段は全く異なります．具体的な管理手段を決めるためには，具体的なハザードの特定が必要なのです．

ハザードの特定は，過去の経験だけでなく，他社事例や法規制，クレーム情報など，さまざまな外部情報も参考にしましょう．次に，参考になる図書をあげておきます．

【参考図書】
1) 小久保彌太郎編著（2016）：現場で役立つ食品微生物（第4版），中央法規出版
2) 一色賢司監修，食品安全検定協会編（2015）：食品安全検定テキスト 初級，中央法規出版

---

(2) ステップ2 ハザードの評価（関連する規格：8.5.2.3）

特定したすべてのハザードを重点管理することは難しいので，重要度で優先順位をつけ，重点管理が必要なハザードを絞り込みます．これがハザード評価です．

ハザード評価は"起こりやすさ"と"健康への悪影響の重大さ"の二つの観点で評価します．この二つの項目をどのように評価するかは，それぞれの会社で決める必要があります．食品安全チームで話し合って，どのくらいの発生頻度で"起こりやすい"と評価し，どのくらいの影響が出たら"悪影響の重大さ"を"重大"と判断するかなど，評価の基準を決めましょう．

審査のときには，審査員にハザードの評価方法を説明しなければなりませんし，食品安全チームに新規メンバーが加わったときには，ハザード分析の方法を教育しなければなりません．したがって，評価方法と結果は記載しておくことが求められています．

図5.8の事例紹介では，簡単な2段階評価でハザード評価を行っています．

(3) ステップ3 管理手段の決定（関連する規格：8.5.2.4）

重要なハザードは，問題が起こらないように，適切な管理手段を考えます（図5.9，100ページ参照）．今まで想定してなかったハザードを特定すると，新

ハザード評価方法		悪影響の重大さ	
		重大：2点	重大でない：1点
起こりやすさ	起こりやすい：2点	4	2
	起こりにくい：1点	2	1

- 評価の掛け点2点以上：重要なハザードのため，管理手段の選択へ
- 評価の掛け点1点：―

図5.8　ハザード評価方法（例）

たに管理手段を決める必要があります．決めた管理手段はきちんと現場に落とし込んで実行しましょう．

また，重要でないハザードは，おおむねPRPで管理できているはずですが，確実に管理できているかどうかの現場確認を行い，現場の管理レベルを高めていきましょう．

（4）　ステップ4　カテゴリー分け（関連する規格：8.5.2.4）

最後に，決定した管理手段をカテゴリー分けします．カテゴリーは次の2区分です．

① 　CCP（Critical Control Point：必須管理点）：許容限界を設けて，重点的なモニタリングを行い，管理する．

　注1　許容限界：製造工程の管理基準で，なおかつ，安全性が保証できなくなるギリギリの限界点

　　2　モニタリング：製造工程が許容限界を逸脱していないか，工程を監視する機能

② 　OPRP（Operation PRP：オペレーションPRP）：処置基準を設けて，何らかのモニタリングを行い管理する．

　　注　処置基準：許容限界ほど厳密な基準ではないが，異常に対して何らかの対応が必要になる基準

厳密な基準で管理しなければならない管理手段はCCPです．一方，CCPほど厳密な管理が必要でない場合や，明確な数値基準を設定できない（例えば，

工程No.	工程名	食品安全ハザード	ハザードの評価結果			管理手段	カテゴリー分け				
			重大さ	起こりやすさ	評価結果		Q1	Q2	Q3	Q4	管理レベル
20	加熱	B：病原微生物の生残	2	2	4	加熱条件の管理					
		C：なし	—	—	—	—					
		P：硬質異物の混入	1	1	1	—					
21	冷却	B：病原微生物の増殖	1	2	2	冷却条件の管理					
		C：なし	—	—	—						
		P：なし	—	—	—						
22	包装	B：病原微生物の汚染	1	1	1						
		C：なし	—	—	—						
		P：硬質異物の混入	1	1	1						
23	金属探知	B：なし	—	—	—						
		C：なし	—	—	—						
		P：金属異物の除去不良	2	2	4	テストピースによる感度確認					

図 5.9 ハザード分析：ハザードの評価・管理手段の決定（例）

目視や五官によるチェック）場合は OPRP とします．

　どの製品も CCP/OPRP を必ず設定しなければならないというわけではありません．製品やライン特性によって，CCP や OPRP が必要ないケースもあります．どこまでの管理が必要か，自分たちでよく話し合って決めましょう．

5.2　HACCPシステムの構築

CCPとOPRPのカテゴリー分けは，論理的に決めなければなりません．分け方はおよそ2通りあり，"デシジョンツリー"（CCP決定判断図）を"使う"方法と"使わない"方法とがあります．

デシジョンツリーとは，いくつかの質問事項に"Yes/No"で答えていくと，CCP/OPRPが決定できる手法です．

デシジョンツリーを使うと，だれがCCPを決めても同じ結果にたどりつくので，考え方のばらつきを抑えることができます．ただし，OPRPを含めたデシジョンツリーの正式なものはないので，各社が独自にデシジョンツリーを開発する必要があります．図5.10の事例のように，製品やライン特性によっては，このデシジョンツリーではうまくCCP/OPRPが決まらないこともあります．その場合は，自社流のデシジョンツリーを考えるか，デシジョンツリーを使わずにCCP/OPRPを決定する方法を選択します（図5.11参照）．

デシジョンツリーを使用しない場合は，どういう管理手段をCCP/OPRPとするか，考え方を論理的に定めてください．規格はCCP/OPRPを決定する考え方を次に示しています．

---

a) 機能の逸脱が起こる可能性
b) 機能の逸脱が起こった場合の重大さ
　1) ハザードへの影響
　2) 他の管理手段との位置関係（後工程に管理手段がなければ，重大）
　3) 管理手段が，ハザードを基準内に抑えるために用意したものかどうか（金属片を感知する金属探知機など）
　4) 他にも管理手段があるかどうか（他に管理手段がなければ，重大）
c) 次の可能性（できなければ，CCPにできない）
　1) 明確な基準が設置できるか
　2) 連続的に監視できるか
　3) 異常が発生したら，タイムリーな修正（製品処置）ができるか

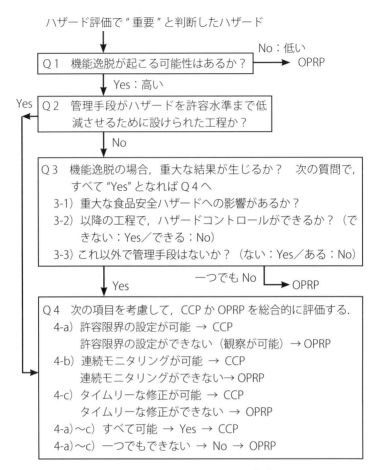

図 5.10 デシジョンツリー（例）

　CCP/OPRP の決め方や決定した結果，決定に影響を及ぼした顧客要求，食品安全法規制は文書に残してください．なぜなら，審査が終わってからも，新商品が出たり，工程変更があったりするたび，食品安全チームはハザード分析を実施しなければなりません．構築から年月が過ぎればチームメンバーも交代していきます．ハザード分析のやり方を新メンバーに伝えていかなければならないのです．

5.2 HACCPシステムの構築

<table>
<tr><td colspan="11" align="center">ハザード分析表</td></tr>
<tr><td rowspan="2">工程No.</td><td rowspan="2">工程名</td><td rowspan="2">食品安全ハザード</td><td colspan="3">ハザードの評価結果</td><td rowspan="2">管理手段</td><td colspan="4">カテゴリー分け</td><td rowspan="2">管理レベル</td></tr>
<tr><td>重大さ</td><td>起こりやすさ</td><td>評価結果</td><td>Q1</td><td>Q2</td><td>Q3</td><td>Q4</td></tr>
<tr><td>20</td><td>加熱</td><td>B：病原微生物の生残</td><td>2</td><td>2</td><td>4</td><td>加熱条件の管理</td><td>Yes</td><td>Yes</td><td>—</td><td>Yes</td><td>CCP</td></tr>
<tr><td></td><td></td><td>C：なし</td><td>—</td><td>—</td><td>—</td><td>—</td><td></td><td></td><td></td><td></td><td></td></tr>
<tr><td></td><td></td><td>P：硬質異物の混入</td><td>1</td><td>1</td><td>1</td><td>—</td><td></td><td></td><td></td><td></td><td></td></tr>
<tr><td>21</td><td>冷却</td><td>B：病原微生物の増殖</td><td>1</td><td>2</td><td>2</td><td>冷却条件の管理</td><td>Yes</td><td>No</td><td>3-1) No</td><td>—</td><td>OPRP</td></tr>
<tr><td></td><td></td><td>C：なし</td><td>—</td><td>—</td><td>—</td><td></td><td></td><td></td><td></td><td></td><td></td></tr>
<tr><td></td><td></td><td>P：なし</td><td>—</td><td>—</td><td>—</td><td></td><td></td><td></td><td></td><td></td><td></td></tr>
<tr><td>22</td><td>包装</td><td>B：病原微生物の汚染</td><td>1</td><td>1</td><td>1</td><td></td><td></td><td></td><td></td><td></td><td></td></tr>
<tr><td></td><td></td><td>C：なし</td><td>—</td><td>—</td><td>—</td><td></td><td></td><td></td><td></td><td></td><td></td></tr>
<tr><td></td><td></td><td>P：硬質異物の混入</td><td>1</td><td>1</td><td>1</td><td></td><td></td><td></td><td></td><td></td><td></td></tr>
<tr><td>23</td><td>金属探知</td><td>B：なし</td><td>—</td><td>—</td><td>—</td><td></td><td></td><td></td><td></td><td></td><td></td></tr>
<tr><td></td><td></td><td>C：なし</td><td>—</td><td>—</td><td>—</td><td></td><td></td><td></td><td></td><td></td><td></td></tr>
<tr><td></td><td></td><td>P：金属異物の除去不良</td><td>2</td><td>2</td><td>4</td><td>テストピースによる感度確認</td><td>Yes</td><td>Yes</td><td>—</td><td>Yes</td><td>CCP</td></tr>
</table>

図 **5.11** ハザード分析：カテゴリー分け（例）

5.2.5 ハザード管理プラン（**HACCP/OPRP** プラン）（関連する規格：**8.5.4**）

CCP/OPRP となった管理手段は管理体制を確立し、"ハザード管理プラン" という様式に文書化します。文書化する項目は次のとおりです（図 5.12 参照）。

① 管理の対象とする食品安全ハザード
② CCP の場合、許容限界／OPRP の場合、処置基準

ハザード管理プラン（CCP）	
工　程	金属探知
ハザード	金属異物の除去不良
許容限界	Fe：1.5、SUS：2.5
モニタリング方法	(1) 対　象：金属探知機の感度 (2) 方　法：テストピースを製品の上に載せ、コンベアの左、右、中の計3回流す（排除確認も一緒に行う）。 (3) 頻　度：製造開始前、1時間ごと、休憩後、製品切替え時、製造終了時 (4) 実施者：〇〇、責任者：ライン長
修正処置	①　1時間ごと、休憩後、製品切り替え時、製造終了時の感度確認で、金属探知が反応しなかった場合、並びにテストピースを排除しなかった場合 　　モニタリング実施者は、ライン長に報告し、ライン長はいったんラインを停止する。ライン長の指示で、前にテストピースを流した以降の全製品を、出荷停止にし、"異常品札"を貼って保管する。ライン長から製造課長、品質保証課長に連絡する。金属探知機の感度を調整し、テストピースで感度を確認したのち、生産再開する。出荷停止にした製品は、再度、金属探知機に流す。 ②　製造開始前の感度確認で、金属探知が反応しなかった場合、並びに排除しなかった場合 　　モニタリング実施者は、ライン長に報告する。ライン長は、いったんラインの稼働を停止し、前生産日の"金属探知工程チェックシート"で異常がなかったかどうかを確認する。異常がなければ、金属探知機の感度を調整し、テストピースで感度を確認したのち、生産を開始する。 　　異常があった場合は、ライン長から製造課長、品質保証課長に連絡し、指示を受ける（製造課長、品質保証課長は製品回収フローに従って対応する）。
文書・記録	"金属探知工程チェックシート" "異常発生報告書"

図 5.12 ハザード管理プラン（例）
（注　金属探知機のモニタリングは、製品を流すことか、テストピースで感度確認をすることかなど、さまざまな意見があります。）

③　モニタリング手順（頻度，方法など）
④　②を逸脱した場合の修正（製品処置）
⑤　責任，権限
⑥　モニタリング記録

"ハザード管理プラン"を作成する際の注意事項を次に示します．

(1)　許容限界／処置基準（関連する規格：8.5.4.2）

CCPを設定したら，許容限界（Critical Limit：CL）を決めます．許容限界は，工程を監視するための基準値ですが，安全性が担保できなくなる限界点をいいます．許容限界を超えた製品は安全性が保証できないので，その場で工程から除去し，製品化されないようにしなければなりません．

HACCPの基本は，"よいものしか次工程に流さない"という考え方です．したがって，許容限界は，その場で結果が出て，よい悪いがすぐに判断できる管理項目を選ばなければなりません．例えば，温度や時間，糖度，塩分濃度，pHなどが該当します．結果が出るのに時間がかかる微生物検査などは，通常は許容限界に向きません．

許容限界を設定したら，その設定根拠を文書として残しておきましょう．審査のときに根拠を聞かれたり，あるいは後々，許容限界を変更したくなったりしたとき，この根拠が必要になります．

OPRPを設定した場合は，許容限界ほど厳密ではないけれど，状態を判断する"処置基準"を設けます．

CCP/OPRPとも，許容限界や処置基準に適合すれば，最終製品の検査に合格できるような基準設定が必要です．

(2)　モニタリング手順（関連する規格：8.5.4.3）

CCP/OPRPを設定したら，適正な製造ができていることを監視する"モニタリングシステム"を確立し，"ハザード管理プラン"に文書化します．文書化には次の事項を含みます．

① 測定／観察方法
② モニタリング方法，使用する計測機器
③ 官能評価要員を含め，計測機器の校正方法［5.2.7項（2）参照］
④ モニタリング頻度
⑤ モニタリング結果の記録
⑥ モニタリングを実施する人の責任と権限
⑦ モニタリング結果を評価する人の責任と権限

CCPの場合，モニタリングの方法や頻度はタイムリーに製品隔離ができる体制でなければなりません．OPRPの場合も，逸脱の起こりやすさと問題が起こった場合の影響の重大さに応じて，適切なモニタリング体制をとる必要があります．

OPRPのモニタリングを官能検査で行う場合，人による判断のばらつきがあっては困ります．ばらつきを防止するために，限度見本の作成や必要な教育を行いましょう．

(3) 修正・是正
(a) 修正（関連する規格：8.5.4.4, 8.9.2及び8.9.4）

CCPの許容限界を逸脱した場合，OPRPの処置基準が守られなかった場合，その間に作った製品は製造工程から除去して，製品の安全性を判断しなければなりません．CCP/OPRPで異常があった場合の製品処置のことを"修正"といいます．

修正は，次の事項を含めて"ハザード管理プラン"に文書化します．
① 影響を受けた製品の特定
② 間違って出荷されることがないような保管や識別方法
③ 製品の安全性を評価する基準や方法，責任者

いったん製造工程から除去し，安全性を確認するまでの製品のことを規格は"安全でない可能性がある製品"と呼んでいます．

安全でない可能性がある製品を安全と判断して使用できるのは次のよう

5.2 HACCPシステムの構築

な場合です．
- モニタリングに使用する計測機器に不具合が認められた場合（例：金属探知機の誤作動）
- 一つの管理手段が有効に機能しなくても，他の管理手段でハザード管理ができると確証できる場合
- 製品検査で製品規格内であることが実証できた場合

上記3点を考慮して，CCP/OPRPで異常が発生した場合の安全性評価の基準や方法，責任者を具体的に明記しておきましょう．

④ 使用不可となった製品の処置方法（廃棄，再加工，別用途への転用など），その承認者

⑤ 実施した修正が適切だったかを振り返る"レビュー"方法（再加工した場合の再検査など）

製品の処置が発生した場合は，トラブルの状況，除去した製品，評価結果，原因などを記録に残しましょう．後で問題が起こったとき，トレース記録として必要になります．

(b) 是正（関連する規格：**8.5.4.4 及び 8.9.3**）

CCP/OPRPで異常が発生した場合，製品処置だけでなく，ラインを正常な状態に調整し直し，同じトラブルを繰り返さないよう，再発防止を実施する機能を"是正"といいます．

是正処置は次の手順を決め，文書化する必要があります．

① 苦情や検査異常が発生していないかの確認
② いつからトラブルが発生していたのか，モニタリング結果の確認
③ 原因の特定
④ 再発防止の必要性の判断
⑤ 再発防止策の立案と実施
⑥ 再発防止が機能し，同じようなトラブルが再発していないかの確認

是正処置については，記録を残す必要があります（図5.13参照）．

修正・是正処置報告書				
発生日			発生部署	
状況				
修正（製品処置）				
是正	是正の必要性	要・不要		
	原因			
	実施した是正			
	有効性評価	確認日： 確認者： 確認内容：		

図 5.13 修正・是正処置報告書（例）

5.2.6 妥当性確認（関連する規格：8.5.3）

新たに"ハザード管理プラン"を策定する場合，あるいは従来の"ハザード管理プラン"を変更する場合は，規定する管理手段を行えば，ハザード管理ができることを，事前に，あるいは変更後に確認します．これを"妥当性確認"といいます．新規製造や変更時の製品の安全性確認と理解すればよいでしょう．

例えば，新製品の本生産前に行うラインテストは妥当性確認にあたります．妥当性確認で安全性が確認できれば，"ハザード管理プラン"が確定し，本生産に入ることができます．もし，安全性を満たさなければ，原材料変更や製造方法などを見直して，再度ラインテストを行います．

ただし，毎回，ラインテストが必要というわけではありません．変更の内容や開発の程度によって，テストや検査が必要な場合と過去の実績で安全性が判断できる場合があります．妥当性確認の方法と結果は文書・記録が必要です．

5.2.7 HACCPシステムの検証（関連する規格：8.8）

（1） 検証プラン（関連する規格：8.8.1）

HACCPシステムが完成して運用が始まっても，最初から思いどおりの結果が出るとは限りません．構築段階のシステムは机上で作っていますから，運用

してみると，規定どおりに実行できなかったり，不具合が生じたりすることもあります．ですから，規定どおり運用できているか，効果を発揮して安全な製品が製造できているかを定期的に確認し，システムの改善を施していく必要があります．そのための確認体制が"検証プラン"です．

検証プランで確認すべきことは規格に規定されています．

① PRPの実施状況，効果
② ハザード管理プランの実施状況，効果
③ ハザードの許容水準が規定内であること（製品検査などの実施）
④ 原材料・製品の食品安全情報（意図した用途を含む），フローダイアグラムが最新版かどうかの確認
⑤ その他，自社で決めたルールの実施状況や効果

これらをどのように検証するか，目的，方法，頻度，責任を決めます（図5.14参照）．客観的な目で検証するため，モニタリングする人と検証する人は分けてください．

検証結果は記録し，関係者で結果を共有してください．製品検査で結果が不

	検証項目（目的）	頻度	方法	検証記録	検証責任
a)	PRPの実施状況				
	PRPの効果				
b)	CCP/OPRPの実施状況				
	CCP/OPRPの効果				
c)	製品検査				
d)	"原材料規格書""包材規格書""検査成績書"の入手状況				
	"製品規格書"の最新情報（意図した用途を含む）				
	"フローダイアグラム"の最新版				
e)	その他				

図5.14 検証プラン（例）

合格だった場合は，修正・是正処置や場合によっては製品回収が必要になります（5.3.2 項参照）．

> 【参考図書】
> 1）田中信正翻訳（2000）：HACCP 検証テキスト，鶏卵肉情報センター

(2) 計測機器の校正（関連する規格：8.7）

CCP/OPRP 又は PRP で使用する計測機器は定期的な校正（又は検証）が必要です．計測機器の校正方法を，次の内容を含めて文書化しておきましょう．

① 定期的な校正（校正頻度）
② 調整方法
③ 校正したことがわかるようにしておく（台帳管理や校正シールの貼付など）
④ 計測機器が狂わないような保護
⑤ 損傷や劣化からの保護
⑥ 評価方法・基準，逸脱時の対応手順

校正結果を記録しておくことが必要です．また，校正は標準機と照らし合わせて計測器の正確性を判断しなければなりません．そこで，標準機として使用したものは，後からトレースできるように，校正結果とあわせて記録を残しておきましょう．

校正で異常が見つかった場合は，計測機器を修理・交換するだけでなく，その計測機器で今まで測定してきた結果に問題はなかったかどうかも確認しましょう．計測結果にずれが生じていたら，製品処置が必要になるかもしれません．

モニタリングにソフトウェアを使用する場合は，使用前に計測能力の確認が必要です．ソフトウェアを更新する際も同様です．

5.2.8　情報の変更管理機能（関連する規格：**8.6**）

HACCPシステムの運用が始まってからも，工場がおかれている環境は常に変化します．HACCPにかかわる情報も都度更新しなければなりません．

① 原材料の食品安全情報（原材料規格書など）［5.2.3項（1）参照］
② 製品の食品安全情報（製品規格書など）［5.2.3項（2）（a）参照］
③ 意図した用途［5.2.3項（2）（b）参照］
④ フローダイアグラム，製造環境の記述［5.2.3項（3）参照］

上記の①から④はハザード分析をするために事前に収集した情報です．これらの情報が更新されれば，ハザード分析の見直しが必要です．また"ハザード管理プラン"やPRPも常に最新版であるように維持管理してください．

文書は，更新しないと，実態との乖離が進み，だれもあてにしなくなります．そうすると，文書は埃をかぶり，乖離がますます激しくなります．作った文書を活かすなら，常に最新版管理が必要です．

5.3　異常時の対応

5.3.1　異常時の対応手順（関連する規格：**10.1**）

CCP/OPRP以外でも，工場では顧客クレームや工程トラブルなど，さまざまな異常が発生します．異常が発生した場合の対応手順は，各工場ですでに決まっているはずですが，次の事項が含まれていることを確認しておきましょう．

a) 異常に対する対処
　1) 製品の処置
　2) 異常によって起こった結果に対する対処（顧客対応など）
b) 是正の必要性を判断
　1) 状況把握
　2) 原因特定
　3) 類似の事例が発生していないかを確認，発生する可能性があるかを

判断
c）再発防止の実施
d）再発防止が機能し，同じようなトラブルが発生していないかの確認
e）必要に応じて，マニュアルや手順書の変更
f）記録

5.3.2 緊急事態・製品回収（関連する規格：8.4 及び 8.9.5）

（1） 緊急事態・インシデント対応（関連する規格：8.4）

会社に起こり得る緊急事態のうち，食品安全に影響を及ぼすものは対応手順を文書化しておく必要があります．例えば，食中毒や重篤クレームの発生，自然災害（集中豪雨，落雷によるエネルギー停止など）のような事故が発生した場合の対応手順です．食中毒や重篤クレームが発生した場合の対応手順は，次の（2）で詳細を説明します．

一方，自然災害などで工場が被災した場合の手順についてです．避難経路など，労働安全面からみた対応手順はどこの工場でも決められているはずです．ただし，この規格が求めるのは食品安全上の手順ですから，災害終息後の食材廃棄の判断基準や施設・設備の復旧手順（洗浄や殺菌などを含む）なども決めておきたいものです．

一般的に"インシデント"（incident）という言葉の意味は，事故にまで発展しなかった事件（ミス）とされています．工場で大きなトラブルが発生して事故につながるおそれがある場合は対応手順を決めておきましょう．

緊急事態，インシデントとも，社内の連絡網や，場合によっては外部への報告体制（顧客や取引先，行政機関，メディアなど）も検討しておく必要があります．

手順書を大切に保管しているだけでは，いざというとき，役に立ちません．緊急事態が発生すると，手順書を読んでいる時間はありませんから，事態に直面したら，頭で考えなくても体が動くようにしておかなければなりません．し

たがって，緊急事態の対応手順は，定期的に模擬訓練し，正しく対応できるかを確認しておきましょう．模擬訓練でうまく機能しなかった場合は，必要に応じて文書を改訂してください．

【参考図書】
1) 食品産業センター編著（2016）：食品企業の事故対応マニュアル作成のための手引き（平成28年改訂版），食品産業センター

(2) 製品回収・トレーサビリティ（関連する規格：8.9.5 及び 8.3）

製品事故やトラブル，重篤なクレームによって，製品回収が必要になった場合に備えて，対応手順を決め，文書化します．回収は初期対応を誤ると，対応が遅れて被害が拡大することがありますので，初期対応手順も含めて規定してください．

回収を判断する責任者や判断基準，回収を実施する責任者や回収手順，連絡網などに加えて，外部の関係者（行政機関や顧客，一般消費者など）への連絡や公表の体制も決めておく必要があります．

回収が発生すると，回収した製品と出荷停止となった在庫品などが山積みになって保管されることになります．誤って回収した製品を出荷してしまうことがないよう，出荷停止の連絡体制や保管方法なども決めておきましょう．

回収手順は文書として保有するだけでなく，定期的に模擬訓練を実施し，規定どおりに対応できるかどうかの確認が必要です．模擬訓練では，トレーサビリティの確認や緊急連絡網の有効性なども確認しましょう．回収又は模擬訓練の結果は記録に残し，回収手順を見直す必要がないか振り返ってください．

トレーサビリティについては，次の事項を考慮して体制を作っておく必要があります．

① 製品に使用した原材料，中間製品のロットの特定
② 再加工
③ 配送先

5.4 マネジメント機能

5.4.1 内部監査（関連する規格：9.2）

構築段階のシステムは机上で作っているので，実際に運用するとうまく機能しないことがあります．運用後も不具合を改善し続けることで，各工場にあったマネジメントシステムにレベルアップし，徐々に効果を発揮していきます．継続的にシステムを改善するための機能として，内部監査は欠かせません．

顧客による二者監査や認証機関（審査登録機関）による第三者審査も，同じ監査の枠組みですが，自社のマネジメントシステムに最も効果的な監査は内部監査です．なぜなら，内部監査は自社の製品特性やライン特性をよく熟知した内部の要員が監査するので，システムの本質を監査することができるからです．日常業務の中でシステムのどこが弱いかは，当事者が一番よくわかっているはずです．普段システムに対して感じていることを，内部監査を通じて改善に活かしましょう．

システムを生かすも殺すも内部監査次第と言っても過言ではありません．質の高い内部監査を行えば，このシステムはきっと皆さんの仕事の役に立ってくれます．

(1) 内部監査手順の確立

内部監査の手順を確立し，必要な文書・記録様式を用意しましょう．内部監査の詳しい手法については，次の図書を参考にしてください．

【参考図書】
1) ISO 19011:2018　Guidelines for auditing management systems（マネジメントシステム監査のための指針），日本規格協会
　　※2019年4月にJIS Q 19011改正
2) 福丸典芳著（2012）：組織が機能するマネジメントシステム監査力 ―

> ISO 19011:2011（JIS Q 19011:2012）の解説と活用方法，日本規格協会
> ※ ISO 9001 の内部監査の手法が書かれていますが，手順は同じです．

(2) 内部監査員の育成

まずは，内部監査員を育てましょう．内部監査員の資格認定基準は各社で決めればよいことになっています．必要な知識や技能としては，次があげられます．

① 監査の手順
② 食品安全マニュアルや基準文書
③ 自社の概要
④ 法規制，顧客要求事項

上記①から④の知識や技能を習得するために，外部の内部監査研修などに参加したり，社内研修で規格や自社の食品安全マニュアルを学習したり，内部監査手順を OJT で習得します．外部研修を受講したら，すぐさま一人前の監査員になれるわけではありません．効果的な指摘ができる監査員に育てるには，社内での OJT 教育が必要です．

(3) 内部監査の準備

内部監査の準備として，内部監査の統括責任者を決めます．たいてい ISO 事務局が兼任することが多いです．

内部監査統括責任者はまず，内部監査計画を策定します．計画の中で，内部監査の目的と範囲，監査基準を定めます．そして，内部監査の対象部門を選抜し，内部監査チームを編成します．このとき，監査の公平性と客観性を保つため，自分自身の仕事を監査することのないように，チームメンバーの監査部門を配置してください．

一方，内部監査員に選ばれたら，被監査部門の情報や関連文書などを事前に把握し，監査で確認すべき事項を"内部監査チェックシート"（図 5.15 参照）

内部監査チェックシート			
部門名	製造部	審査日時	○月○日 13:00～17:00
被監査者	○○	監査員	△△
監査基準	ISO 22000:2018，食品安全マニュアル（第13版）		
規格項番（又はマニュアル項番）	確認事項		確認結果
8.5.1.5.1～8.5.1.5.2 フローダイアグラム	フローダイアグラムの現場確認		
8.5.4.5 ハザード管理プランの実施 7.2 力量	CCP：金属検出器の管理状況 ① "金属検出器チェックシート"の確認（頻度，結果，不適合発生時の対応） ② 現場作業者にモニタリング手順の確認 ③ モニタリング担当者の力量確認："力量評価表"		

図 5.15 監査チェックシート（例）

にまとめます．内部監査チームメンバーは事前の打合せを行い，作業の割り当てやチェック項目の確認を行います．

（4） 内部監査の実施

内部監査は初回会議から始まります．監査チームの紹介と監査目的，適用範囲，基準，監査計画の確認，監査方法の説明などを行います．

監査が始まると，関連する文書や記録類，実際の作業現場を確認したり，担当者へのヒアリングをしたりして，システムが規定どおり運用できているか，問題点が発生していないかなどを監査し，システム運用の効果を検証します．

最終会議で，監査チームは改善してほしい事項を発表し，被監査側の合意を得ます．

5.4 マネジメント機能

(5) 内部監査のフォローアップ

監査の結論を報告書にまとめます（図 5.16 参照）．また，被監査部門が実施した修正・是正処置の実施状況を確認し，処置の有効性（再発防止につながったかどうか）を検証します．

内部監査不適合報告書			
部門名	製造部	監査日	○月○日
被監査者	○○	監査員	△△
監査基準	確認文書："ハザード管理プラン" CCP（金属検出器）のモニタリング方法：Fe：2.0，SUS：2.5 のテストピースをダミー製品の上に載せて，ベルトの左，右，中（計 3 回流す），排出確認も行う．		
不適合内容	金属検出器の"ハザード管理プラン"では"テストピースを流す際に，排出確認も行う"と規定しているが，○時○分の感度確認において，現場担当者は排出確認する前に，テストピースを回収していた．		
適合区分	観察事項　・　（軽微な不適合）　・　重大な不適合		
修正	"ハザード管理プラン"に基づき，当日生産分の製品出荷を停止し，出荷停止の札を付けて，一時保管した．適正な感度確認を行った金属検出器に再度流して確認した．金属検出した製品はなく，全数合格と判断し，品質保証部長の許可を得て出荷した．		
是正	原因	① 当該担当者は，OJT 教育中の新人だった．排出確認の方法は教えていたが，現場に手順書がなく，口頭での指導で終わっていた． ② ライン長の指導のもとで，モニタリングを実施しなければならなかったが，ライン長がクレーム発生で事務所に上がっていたため，一人で作業をしていた．指導者が現場を離れる際のフォローが決まっていなかった．	
	是正	① 現場に"ハザード管理プラン"を貼り出し，再教育した． ② OJT 指導中のライン長が現場を離れる場合は，包装検品者（指導者レベルのベテランしか配置されない）に声をかけ，フォローさせる．	
フォローアップ	現場に"ハザード管理プラン"が貼り出され，OJT 被教育者は"ハザード管理プラン"を見ながら作業ができるようになった．現場確認時，該当新人は，適切にテストピースを流し，排出確認を行っていた． ライン長不在時は，包装検品者がフォローする体制がとられていた． 是正は有効と判断した．		

図 5.16　内部監査不適合報告書（例）

5.4.2　検証結果の分析，評価（関連する規格：**8.8.2**，**9.1.1**，**9.1.2** 及び **10.2**）

このシステムは，二つの PDCA サイクルを回すことを求めています（図 5.17 参照）．3.1.4 のように，二つの PDCA サイクルは次の機能を担っています．

① HACCPが適正に運用できているかを日常的にチェックし，改善する機能［図5.17の"(b) 運用の計画及び管理"の部分］
② マネジメントシステム全体が効果的に運用できているか，体系的にチェックし，運用の重点課題を見いだし，年間計画や目標管理の中で取り組んでいく機能［図5.17の"(a) 組織の計画及び管理"の部分］

食品安全の活動の中で，日々の製造記録の確認や各種検査などで，安全性をチェックし，改善する機能が①にあたります．すでにこの機能のことは，5.2.7項でも述べています．しかし，この機能だけでは，システムの効果を劇的に改善するものにはなりません．そこで，①の検証結果，内部監査や外部審査の結果をあわせて分析し，システム運用の課題や弱点を見いだす機能が②です．例えば，登録済みの会社でよく問題になる，図5.18のような懸念事項は，まさにシステム運用の課題です．

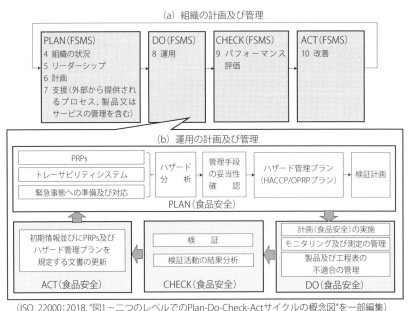

(ISO 22000:2018，"図1－二つのレベルでのPlan-Do-Check-Actサイクルの概念図"を一部編集)

図5.17 二つのPDCAサイクル

5.4 マネジメント機能

> ・文書・記録が重い：登録前に文書・記録を作りすぎて，維持管理できない．
> ・全員参加型のシステム運用になっていない：品質管理担当や ISO 事務局など一部の要員だけで運用されており，ほとんどの従業員がシステムを認識していない．
> ・内部監査が弱い：内部監査員資格保有者はいるが，実際に監査を任せられる人が少ない．
> ・食品安全マニュアルが活用できていない：マニュアルが規格の文言丸写しで，読んでもよくわからないから，だれも読まない．
>
> など

図 5.18 登録後のシステム運用課題（例）

食品安全チームは，定期的にシステム運用を振り返り，次の視点で分析します．

① 規格や自社の FSMS ルールに適合した活動が実施できているか
② FSMS を改善する必要はないか
③ 工程の不適合が多発する傾向はないか
④ 次の監査計画を立案するために有用な情報
⑤ 今まで行った修正・是正が適切だったか

分析結果から，現状のシステムの運用課題を見いだします．その結果は記録に残し，マネジメントレビュー（システムの運用状況を定期的に報告する機会）で経営者に報告すると，経営者からも FSMS をどのように運用してほしいかなどのコメントが出ます．経営者の意向を織り込んで，今後どういう取組みをしていくかを活動計画に立てます．例えば，食品安全目標に落とし込んで取り組むものもあれば，教育訓練で解決するものもあるでしょう（図 5.19 参照）．そして，引き続き，運用し，検証し，改善し，ということを繰り返す．これこそが継続的改善といえます．

5.4.3 マネジメントレビュー（関連する規格：9.3）

経営者にシステムの運用状況を定期的に報告する機会のことを"マネジメン

運用課題	原　因	取組計画
文書・記録が重い．	規格要求事項にない，文書・記録を作り過ぎた．	今年度は，まず製造部の文書から，プロジェクトチームを組んで，不要文書の廃止．必要文書は統廃合を図る． ➡ ISO委員会で毎月進捗報告
全員参加型の運用になっていない．	事務局しかシステムのことが理解できていないので，周りは手を出せない．	HACCPの書類を製造部でも更新できるよう，フローダイアグラム，ハザード分析のやり方を製造部に教育する． ➡製造部〇年度教育計画
内部監査が弱い．	内部監査研修を受けただけで，その後のOJTが弱い．	強化メンバーを選定し，内部監査OJTを実施，今年度の内部監査で教育の有効性を評価する． ➡食品安全チーム〇年度教育計画
食品安全マニュアルが活用されていない．	① 規格の文言だらけで難しすぎて，だれも読まない． ② 登録審査前に一度説明を受けたきりで，読む機会がない．	平易な言葉で，具体的にどう運用しているかが書かれたマニュアルに改訂する． ➡ ISO委員会で毎月進捗報告，情報共有する．

図 5.19　運用課題の取組計画（例）

トレビュー"といいます．このシステムは経営者主導で運用しないとうまく機能しません．そのため，普段から経営者がシステムの運用に関心をもって運用状況を把握し，方向性を示すことが求められています．

マネジメントレビューでは記録の要求があります．"経営者への報告事項（インプット）"と"経営者からの指示事項（アウトプット）"が決められていますので，記録上，次の項目は押さえてください．

① 経営者への報告事項（インプット）
a）前回までのマネジメントレビューの結論に対するその後の行動（例えば，前回までのマネジメントレビューで，経営者が指示した事項に対してその後どのような処置をとったか）
b）経営環境の変化，外部・内部の課題の変化（5.1.1項，81ページ参照）
c）FSMS運用の結果，効果

1) システムを更新してきた結果
2) モニタリング・測定の結果
3) 検証活動の結果の分析（5.4.2 項，117 ページ参照）
4) 不適合，是正処置
5) 監査結果［内部監査や外部監査（サプライヤー監査・第三者監査）］（5.4.1 項，114 ページ参照）
6) 検査結果
7) 原材料品質や購買先の能力評価の結果（5.5.2 項，122 ページ参照）
8) リスクや機会に取り組んだ結果（5.1.2 項，83 ページ参照）
9) 食品安全目標の達成状況
d) 資源投入の必要性（5.5.3 項，123 ページ参照）
e) 発生した緊急事態，インシデント，回収・リコール（5.3.2 項，112 ページ参照）
f) コミュニケーションの結果（顧客からの苦情，規制当局からの指導，社内的な変更事項など）（5.5.4 項，126 ページ参照）
g) 運用に関して改善すべき事項
② 経営者からの指示事項（アウトプット）
a) システム運用で改善してほしい事項
b) 食品安全方針・目標の見直し（必要性を含め），資源投入（人，予算など）の必要性，FSMS の変更の必要性

5.5 運用するための支援機能

以下は，システムをうまく運用するために，決めておかなければならない事項です．

5.5.1 変更管理機能（関連する規格：6.3）

システムの変更管理に関しては，規格でたびたび要求されています．先の

5.2.8項（111ページ参照）で述べた"変更管理機能"は，HACCPシステムに変更が生じた場合の変更管理が要求されています．一方，こちらの"変更管理機能"は，組織変更や人事異動など，企業のマネジメントにかかわる大きな変更管理です．

例えば，組織変更があった場合，変更前の部署が抱えていた業務を新しい部署に移管しなければ，業務が進まなくなってしまいます．組織変更があったら，タイムリーに食品安全チームを集め，業務分担や責任・権限の見直しを行います．

また，人事異動が発生したら，滞りなく業務を引き継いでいかなければなりません．さもないと，食品安全の管理体制に支障が生じてしまいます．そのようなことがないように，確実に引き継ぎできる体制を作ってください．"うちは異動時の引継ぎが弱いな"と思ったら，引継ぎ書を作ったり，引継ぎの確認をしたりしてもよいでしょう．

そのほか，会社に起こり得る変化に対して，タイムリーにシステムを見直し，変化したその日からシステムが完全な状態で機能するように，変更管理の体制を整えてください．

5.5.2　購買管理機能（関連する規格：7.1.6）

原材料を仕入れる際や委託先に仕事を依頼する際は，よい取引先を選定したいものです．そのため，取引先の選定手順を定めます．原材料規格書や検査成績書の入手，取引先の品質管理体制の確認や工場監査など，取引先をどう確認して評価するかが問われます．原材料メーカーや製造委託先などは，毎年，取引先の監査に出向くことができればよいのですが，自社の購買力や相手の管理レベルによって，どこまでの監査が必要かは変わってくるはずです．無理のない選定手順や取引基準を設けましょう．

また，取引先評価は，製品の安全性に影響する可能性がある原材料や委託を対象に行います．どこまでの範囲を評価対象とするか，食品安全の影響度を考慮して決めましょう．

既存の取引先に関しても，取引を見直す再評価の仕組みを設けます．定期的に再評価する方法もありますし，問題があったときだけ見直す方法もあります．取引先評価は記録が必要です．取引先に問題がないかは，原材料の受入検査や原材料クレームなどを指標にして，日常的に監視しましょう．

取引先には，自社からの要求事項（例えば，原材料の購買先には原材料の規格に関する要求や，構内に入る業者に対しては自社ルールの順守）をきちんと伝達しておきましょう．

5.5.3　資源の確保（関連する規格：7.1）

システムを構築し，効果的に運用するためには，必要に応じて"人・モノ・お金（予算）・情報"を用意しなければなりません．運用のために必要な"人・モノ・お金（予算）・情報"のことを"資源"と呼びます．

（1）　インフラストラクチャ・作業環境の維持（関連する規格：7.1.3 及び 7.1.4）

安全な製品を作るために，インフラストラクチャや作業環境を確保し，維持管理するための資源を用意します．会社で，稟議書や年間投資計画など，予算を確保する仕組みや必要人員を確保する雇用や配置の仕組みがあれば規格要求を満たします．

"インフラストラクチャ"というのは，輸送設備，建屋，ユーティリティ，製造設備，情報通信設備やソフトウェアなどを指しています．"作業環境"というのは，食品製造を行っている加工室や倉庫など，工場や敷地内のことです．例えば，定期清掃を実施しようとすれば，人員を集めなければなりませんし，残業を命じるなら残業手当も必要です．PRPを維持管理していくにも資源が必要です．

（2）　教育（関連する規格：7.1.2，7.2 及び 7.3）

立派なシステムを確立しても，ルールを現場に落とし込んで従業員に守らせ

なければ，システムは"絵に描いた餅"になります．FSMS を含め，食品安全の教育体系を確立しましょう．

　製造や品質管理部門だけでなく，さまざまな部門が FSMS の活動に関連しますので，各部門が少しずつ食品安全や FSMS のことを理解しなければなりません．そのため，だれにどこまで食品安全を理解してほしいかという，求める力量を明確にします（図 5.20 参照）．

　少なくとも，次の要員は力量確保の教育が必要です．

① 食品安全チーム

　　ハザード分析の実施や FSMS の検証など，食品安全に関する力量が求められるので，継続的な教育が必要です．登録後は，メンバーが世代交代するので，HACCP 教育などは計画に入れておきましょう．

② "ハザード管理プラン"（CCP/OPRP）を運用する従業員

　　重要工程に配置する要員は，きちんと工程管理ができるよう教育を受けた人でなければなりません．

　教育体系を確立したら，計画に基づいて食品安全の教育を行います．この際，教育はやりっ放しではなく，教育を受けた人がきちんと内容を理解したかどうかの習得度をチェックするようにしてください．これを"教育の有効性評価"といいます．

　有効性評価の方法はいろいろあります．座学教育であれば，小テストやアンケート，質疑応答などです．OJT 教育の場合は，一人で作業ができるようになったかどうかを実地で確認することが OJT の有効性評価にあたります．それぞれの教育スタイルにあった有効性評価を考えてください．

　有効性評価の結果によって習得度が足りないと思ったら，その後のフォロー（追加の教育など）を考えなければなりません．習得度が悪ければ，教育方法そのものも見直し，より充実した教育体制がとれるように，教育も PDCA を回してください．

　また，座学研修や OJT 以外に，規格は従業員に対する普段の"躾"にも言及しています．次の内容は，普段から従業員に言い聞かせてください．

5.5 運用するための支援機能

■業務別食品安全教育

部署	対象者	求める力量	教育方法	有効性評価	記録
製造部	新規入職者	基本的な衛生ルールの理解	品質保証部による一般衛生管理の研修	小テスト（80点以上合格）	小テスト
			ライン指導者による1か月間のOJT	ライン長による力量評価	力量評価表
	既存従業員	一般衛生管理規程の理解	月1回の全体朝礼で, 品質保証部による衛生教育	質疑応答	朝礼ノート
	CCP/OPRPモニタリング者	ハザード管理プランが実施できること	ライン指導者によるOJT	ライン長による力量評価	力量評価表
品質保証部	全員	HACCPが構築できること	外部研修	修了証	修了書出張報告書
		FSSC規格要求事項を理解すること	外部研修	修了証	
		微生物検査ができること	検査指導員によるOJT	検査指導員による力量評価	力量評価表
		食品安全法規制を把握していること	外部研修	修了証	修了書出張報告書
食品安全チーム		ハザード分析ができること	品質保証部によるOJT	ハザード分析の見直し状況を実地で評価	教育訓練記録
		食品安全マニュアルを理解していること	社内研修	テスト（60点以上合格）	教育訓練記録

■階層別食品安全教育

部署	対象者	求める力量	教育方法	有効性評価	記録
製造部 物流部 管理部	作業者	一般衛生管理規程の理解	月1回の全体朝礼で, 品質保証部による衛生教育	質疑応答	朝礼ノート
	ライン長	自部署のHACCPを理解していること	社内研修	テスト（60点以上合格）	教育訓練記録
	課長	自部署のHACCPを構築できること			
		食品安全マニュアルを理解していること			

図 5.20 食品安全教育体系（例）

・経営者の食品安全方針や自部署の食品安全目標の内容
・自分の仕事がこのシステムにどう貢献するか（食品安全にどうつながるか）

・ルールに反したら，どういう問題が生じるか

5.5.4 コミュニケーション（関連する規格：7.4）

食品安全に関する情報をいろいろな人と共有する仕組みを"コミュニケーション"といいます．コミュニケーションには二つの要素があります．

① 外部コミュニケーション

　当社と外部の関係者の間で，食品安全情報を共有する機能

② 内部コミュニケーション

　社内で食品安全情報を共有する機能．特に，FSMSに関連して，変更が出る場合に，あらかじめ食品安全チームに変更情報を伝達する機能

いずれも，情報がタイムリーに共有できるように，共有すべき情報や発信者，受信者，伝達方法・媒体，伝達時期などを決め，情報漏れがないようにしておきましょう．

（1）外部コミュニケーション（関連する規格：7.4.2）

例えば，原材料メーカーから原材料規格書が提出されないと，自社製品の食品表示を作ることはできません．食品安全を担保するには，外部との食品安全情報の共有が欠かせません．外部コミュニケーションの例を図5.21に示します．

いずれもどの会社にも欠かせない機能ですが，正しい情報をタイムリーに発信して，入手できるように，情報共有の窓口部署を決めて体制を整えてください．

外　部	情報共有する内容
原材料メーカー	原材料情報，苦情，異常発生時の報告　など
委託先	契約内容，要求事項，苦情　など
顧客，一般消費者	製品情報，ハザード情報，苦情　など
行政機関	法令，回収情報　など
その他（業界団体）	業界指針　など

図 5.21　外部コミュニケーションの（例）

（2） 内部コミュニケーション（関連する規格：**7.4.3**）

　食品安全にかかわる情報が必要部署で共有されないとトラブルが発生します．"私は，そんな話，聞いてない！"と怒り出す人が出ないように，社内の情報共有の仕組みを作ることが内部コミュニケーションです．

　新製品を開発する際や原材料を変更する際，新しい設備を導入する際など，FSMSにかかわる，さまざまな変更事項が発生する際は，あらかじめ関連部門に変更情報を伝達してください．"どの段階で，だれが，だれに，どういう媒体で"情報を伝達するかを決めます．

　FSMSに関しては，食品安全チームが中心となって維持管理をしていきますから，食品安全チームに変更情報が伝わらないと，システムが更新できなくなってしまいます．伝達を受けた食品安全チームは変更してよいかどうかを安全面から判断し（5.2.6項，108ページ参照），システムを更新します（5.2.8項，111ページ参照）．

5.5.5　文書・記録の管理（関連する規格：**7.5**）

　規格が文書を求めている箇所はわずかであり，それ以外に関して文書化するかどうかは各社で決めればよいことになっています．文書化を判断するに際しては，次の事項を考慮しましょう．

① 規格が文書を求めているか？
② 顧客や行政機関が文書を求めているか？
③ ルールを従業員に教育するうえで，文書があったほうが教育しやすいか？
④ 外部監査を受けたとき，文書があったほうが説明しやすいか？

　文書を作成した以上は，その後も維持管理しなければいけませんので，その負荷も考えて，どこまで文書化が必要か判断しましょう．

　記録も同様です．規格が求める記録はわずかですから，どこまで記録が必要かは会社次第です．

　さて，文書・記録類は，必要なときに最新版が検索でき，トレースできるこ

とが求められます．そのための管理として次の事項は具体的なルールを決めておきましょう．

> a）承認の体制
> b）文書のレビュー（発行後もときどき文書の内容を確認して，改訂の必要がないかチェックする機能）
> c）閲覧方法（文書の配付先や記録の保管場所など）
> d）保管方法（情報が流出したり，悪用されたりすることがないように保存）
> e）最新版の見分け方（版数や更新日など）
> f）廃棄方法

なかには，社内秘の書類もあるでしょう．そういう場合は，許可された人だけが閲覧できるようにアクセス制限を設ける必要があります．

法規制や原材料規格書など，外部で作成された文書を入手するものもあります．これを"外部文書"と呼びます．外部文書も常に最新版の入手が必要なので，最新版の入手体制を作らなければなりません（図5.22参照）．

5.6 FSMSを運用して結果を出すために——二つのコツ

実は，読者の皆さんには大きな誤解があります．"FSMSを認証取得してマニュアルどおりに運用していけば，工場は自然とよくなっていく"と信じているのではないですか．

残念ながら，FSMSはそんなに簡単に結果を出してくれるものではありません．普通に運用しているだけでは，結果を出すことは難しいのです．

結果を出すコツは，二つあります．

一つは"教育"です．どの会社も，システムの教育が圧倒的に足りません．食品安全マニュアルの教育，HACCPの教育は繰り返し教育が必要です．シス

5.6 FSMSを運用して結果を出すために

管理する外部文書		担当部署	最新版の情報	入手時期
原材料規格書		原材料調達部 （既存の場合）	業者から入手	年1回
		開発部 （新規の場合）		取引開始前
食品安全法規制	食品衛生法	品質保証部	農林水産消費安全技術センターのメルマガ（月3回）	法改正時
	食品表示法	品質保証部		
	食品等事業者が実施すべき管理運営基準に関する指針	品質保証部		
	○○県食品安全施行条例	各工場品質管理課	県のウェブサイトの確認（年1回）	
ISO 22000		品質保証部	認証機関	改訂時

図 **5.22** 外部文書の管理（例）

テムを理解する要員が増えると，FSMSが日常業務の一部としてあたりまえに運用できるようになります．そこに行き着くまでには，数年にわたって集中してFSMS教育を行う必要があります．

もう一つは"継続的改善"です．発生したクレームやトラブルや内部監査の不適合を是正するだけでは，継続的改善とはいえません．認証取得後は，システムの運用の仕方そのものも見直していかなければならないのです．

例えば，構築時は審査を意識して，過剰に文書を作り過ぎることがよくあります．認証取得後，運用の中で文書の必要性を見極めて統廃合を実施しましょう．さもなければ，文書の負荷に一生悩まされることになります．

また，事務局中心でシステムを構築した会社は，登録後も事務局主体の運用が続きます．"審査前に事務局が全部の書類をチェックして，審査も事務局がすべて立ち会って"という会社がときどきあります．事務局だけで運用しているシステムでは，認証（審査登録）は維持できても食品安全を真に保証することはできません．認証取得後は，HACCPの書類の更新を現場に任せたり，維

持管理業務を作業分担したりして，皆で運用できる体制を作りましょう．

規格は，会社が運用課題を見いだして，さらなる改善を続けることを5.4.2項で求めています．運用後に課題の出ない会社はありません．"課題なし"と評価している会社は，むしろ運用状況を正しく評価できていないか，あるいはシステムに結果を求めていないかのどちらかです．

結果を求めるなら，運用課題に向き合って，課題を克服する計画を立て，実行してください．これが規格のいう"継続的改善"です（写真5.1参照）．

某社の食品安全チームは登録後も月1回集まり，構築前に作成したフローダイアグラムやハザード分析の精度を上げるために，文書の見直しと現場確認を行っている．今期は，食品安全マニュアルの各部門への浸透を促すために"部門別食品安全マニュアル"を作成中

写真 5.1　食品安全チームの継続的改善

最後に，ここまで説明してきた構築事例の各項目とそれに対応するISO 22000:2018の要求事項とを表5.2にまとめます．

表 5.2 本章で示す構築項目と ISO 22000:2018 の要求事項の対比

本章の項目番号	本章で示す構築項目	ISO 22000:2018
—	—	7.1.5 外部で開発された食品安全マネジメントシステムの要素
5.1	経営環境・状況の把握	4 組織の状況
5.1.1	経営計画と FSMS の目的,適用範囲の決定	4.1 組織及びその状況の理解
(1)	外部・内部の課題抽出	4.2 利害関係者のニーズ及び期待の理解
(2)	利害関係者のニーズ,期待の把握	
(3)	FSMS の適用範囲の決定	4.3 食品安全マネジメントシステムの適用範囲の決定
5.1.2	リスクと機会への取組み	6 計画 6.1 リスク及び機会への取組み
5.1.3	食品安全方針・目標	5.2 方針
(1)	食品安全方針	5.2.1 食品安全方針の確立 5.2.2 食品安全方針の周知
(2)	食品安全目標	6.2 食品安全マネジメントシステムの目標及びそれを達成するための計画策定
5.1.4	責任・権限	5.3 組織の役割,責任及び権限
5.2	HACCP システムの構築	8 運用 8.1 運用の計画及び管理
5.2.1	PRP の構築	8.2 前提条件プログラム(PRPs)
5.2.2	食品安全チーム	5.3.2 7.2 力量
5.2.3	ハザード分析の準備段階	8.5.1 ハザード分析を可能にする予備段階
(1)	原材料,包装資材の食品安全情報の収集	8.5.1.2 原料,材料及び製品に接触する材料の特性
(2)	製品の食品安全情報・意図した用途,許容水準の決定	8.5.1.3 最終製品の特性 8.5.1.4 意図した用途
(a)	製品の食品安全情報の収集	8.5.2.2.3
(b)	意図した用途	
(c)	食品安全ハザードの許容水準の決定	

表 5.2（続き）

本章の項目番号		本章で示す構築項目	ISO 22000:2018
5.2.3	(3)	フローダイアグラム	8.5.1.5 フローダイアグラム及び工程の記述
5.2.4		ハザード分析	8.5.2 ハザード分析
	(1)	ハザードの特定	8.5.2.2 ハザードの特定及び許容水準の決定
	(2)	ハザードの評価	8.5.2.3 ハザード評価
	(3)	管理手段の選択	8.5.2.4 管理手段の選択及びカテゴリー分け
	(4)	カテゴリー分け	8.5.2.4 管理手段の選択及びカテゴリー分け
5.2.5		ハザード管理プラン（HACCP/OPRPプラン）	8.5.4 ハザード管理プラン
	(1)	許容限界／処置基準	8.5.4.2 許容限界及び処置基準の決定
	(2)	モニタリング手順	8.5.4.3 CCPにおける及びOPRPに対するモニタリングシステム
	(3)	修正・是正	8.5.4.4 許容限界又は処置基準が守られなかった場合の処置
	(a)	修正	
	(b)	是正	8.9 製品及びプロセスの不適合の管理
5.2.6		妥当性確認	8.5.3 管理手段及び管理手段の組合せの妥当性確認
5.2.7		HACCPシステムの検証	8.8 PRP及びハザード管理プランに関する検証
	(1)	検証プラン	8.8.1 検証
	(2)	計測機器の校正	8.7 モニタリング及び測定の管理
5.2.8		変更管理機能	8.6 PRP及びハザード管理プランを規定する情報の更新
5.3		異常時の対応	10 改善
5.3.1		異常時の対応手順	10.1 不適合及び是正処置
5.3.2		緊急事態・製品回収	8.4 緊急事態への準備及び対応 8.9.5 回収／リコール

5.6　FSMS を運用して結果を出すために

表 5.2（続き）

本章の項目番号		本章で示す構築項目	ISO 22000:2018
5.3.2	(1)	緊急事態・インシデント対応	8.4 緊急事態への準備及び対応
	(2)	製品回収・トレーサビリティ	8.3 トレーサビリティ
			8.9.5 回収／リコール
5.4		マネジメント機能	9 パフォーマンス評価
5.4.1		内部監査	9.2 内部監査
	(1)	内部監査手順の確立	
	(2)	内部監査員の育成	
	(3)	内部監査の準備	
	(4)	内部監査の実施	
	(5)	内部監査のフォローアップ	
5.4.2		検証結果の分析，評価	8.8.2 検証活動の結果の分析
			9.1.1 一般
			9.1.2 分析及び評価
			10.2 継続的改善
5.4.3		マネジメントレビュー	9.3 マネジメントレビュー
5.5		運用するための支援機能	6 計画
			7 支援
5.5.1		変更管理機能	6.3 変更の計画
5.5.2		購買管理機能	7.1.6 外部から提供されるプロセス，製品又はサービスの管理
5.5.3		資源の確保	7.1 資源
	(1)	インフラストラクチャ・作業環境の維持	7.1.3 インフラストラクチャ
			7.1.4 作業環境
	(2)	教育	7.1.2 人々
			7.2 力量
			7.3 認識
5.5.4		コミュニケーション	7.4 コミュニケーション
	(1)	外部コミュニケーション	7.4.2 外部コミュニケーション
	(2)	内部コミュニケーション	7.4.3 内部コミュニケーション
5.5.5		文書・記録の管理	7.5 文書化した情報

5.7 食品安全マニュアルの作成

食品安全マニュアル（以下，"マニュアル"という）は厳密にいうと規格で要求されていません．しかし，すでに認証取得している企業のほとんどが何らかのマニュアルを作成しています．

マニュアルには二つの役割があります．一つは，外部の審査員や工場査察に来られた顧客に対して，自社のFSMSを説明するための文書です．もう一つは，自社のFSMSを従業員に教育し，理解させるための教育資料としての役割です．

いずれにせよ，規格の文言を丸写しするだけでは，具体的な運用がわかりません．したがって，規格をどのように運用するのか，具体的に記載してください．記載するポイントは，"**責任者**，**頻度**，**方法**，**参照する文書名**，**使用する記録名**"などです．

マニュアルは必ずしも規格の箇条別に作成する必要はなく，業務順や規格のつながりを意識しながら，規格の箇条を入れ替えて記載することも可能です．ただ，登録審査は，規格に対して，どのようなルールを確立したかが問われます．本書で紹介する事例はこれから登録審査を受ける企業のために規格の箇条番号順で作成しています．

そもそもFSMSは，会社の規模や製品・ラインの特性などを考慮すると，100社100様であるはずです．ということはマニュアルも100社100様です．したがって，このマニュアル事例を丸写しにしても，自社に適したFSMSは構築できません．あくまで，参考としてください．なお，この事例は従業員50人未満の小規模の会社を想定しています．

* 　　　* 　　　*

■ ISO 22000:2018 のマニュアル例

1 適用範囲

1.1 食品安全マネジメントシステム（FSMS）に取り組む目的

（1）当社の適用範囲に含める製品の食品安全を確立する．

（2）当社の食品安全の仕組みを第三者に立証する．

（3）食品安全のみならず，マネジメントシステムとして，顧客満足の向上に活用する．

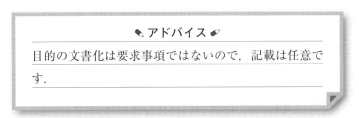

✎アドバイス✎
目的の文書化は要求事項ではないので，記載は任意です．

1.2 適用製品・業務・部署

1.2.1 適用製品・業務

（1）適用製品：○○，○○，○○

（2）適用業務：購買，開発，製造，製品保管，出荷・配送

1.2.2 適用部署

（1）適用部署

✎アドバイス✎
組織図を挿入し，適用外の部署があれば，明記します．

(2) 各部署の主な業務

表1

部　署	業務内容
食品安全チーム	FSMS の構築・運用・検証・見直し（PRP の承認，ハザード分析の実施，HACCP システムの妥当性確認など）
品質保証部	各種検査，原材料メーカーの工場点検，測定機器の校正，保留品処置の判断，是正処置の効果確認，顧客クレームの処理，衛生教育の計画策定，保健所・農政局への対応，製品の安全規格の決定
製造部	生産計画策定，原材料受入管理，工程管理，工程内検査，製品異常発生時（顧客クレームを含む）の修正・是正処置，フローダイアグラム・"CCP/OPRP プラン"の作成，PRP 構築・運用
研究開発部	新製品開発（食品表示作成含む），既存製品のリニューアル，新製品にかかわる原材料の選定，製品規格書の作成
設備保全部	施設設備の保守管理，新規設備の導入計画の策定，"年間設備投資計画"の策定
原材料調達部	新規購買先の評価，新規原材料の選定，原材料の発注，原材料クレームの処理，原材料規格書・検査成績書の入手
物流部	製品・保留品・不適合品の保管・識別管理，出荷，委託先（輸送・倉庫）の管理
営業部	顧客窓口，クレーム受付，製品回収
総務部	教育訓練計画の策定，従業員の健康管理，インフラ整備，広報，お客様相談室 社員食堂の管理，厚生施設管理，植栽管理，自社ウェブサイトの管理

🖊ワンポイント🖊
自社の職務分掌を転記するだけでなく，FSMS に関連する業務を明記します．

2 引用規格

引用規格はなし

3 用語及び定義

> **✎ アドバイス ✐**
>
> 規格の用語や定義を丸写しするより，規格の難しい用語を自社の言葉に置き換えて，わかりやすく解説したほうが有用です．また，第三者に対しては，業界用語や自社独特の用語があれば，それらを定義付けするとよいです．

4 当社を取り巻く経営環境の把握

4.1 外部・内部の課題

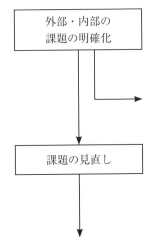

期初（○月）に ISO 会議で外部・内部の課題をあげ，ISO 事務局が"外部・内部の課題とリスク・機会"に記録する．

課題の活用については 6.1 を参照

経営環境が変化して課題の見直しが必要になった場合は，ISO 事務局が ISO 会議の議題にあげ"外部・内部の課題とリスク・機会"を見直す．

年度末にマネジメントレビューで取組結果を報告する（9.3 参照）．

> **✎ アドバイス ✎**
> 業務の流れを簡単なフロー図にすることも可能です．規格要求事項のつながりがわかると，何のための仕事なのかが理解しやすくなります．

4.2 利害関係者のニーズ・期待

(1) 利害関係者のニーズ・期待の把握

表2

利害関係者の範囲	ニーズ・期待の理解
顧　　客	7.4.2 参照
最終消費者	
行政機関	
従 業 員	年2回の従業員面談で，ニーズ・期待をヒアリングする．

> **✎ ワンポイント ✎**
> 一覧表にまとめる方法も，読み手にわかりやすいです．

(2) 把握したニーズ・期待の活用
　　・4.3において，適用範囲を決定する．
　　・マネジメントレビューで経営者に報告し，システムの改善につなげる［9.3.2 f) 参照］．

4.3 FSMSの適用範囲の決定

(**1**) 適用範囲:"1 適用範囲"に特定
(**2**) 適用範囲を見直す場合の注意事項:
・4.1や4.2を踏まえ,適用範囲を決定する.
・最終製品の食品安全に影響する部署や業務活動は,理由なく除外しない.

4.4 FSMS

(**1**) 当社は,ISO 22000規格要求事項に従って,FSMSを確立する.
(**2**) FSMSの文書化:"食品安全マニュアル"
(**3**) マニュアルに従ってFSMSを運用し,検証し,継続的に改善する.

5 経営者のリーダーシップ
5.1 FSMSの中で経営者が果たすべき役割
経営者は,次の事項を行い,FSMSの責任を果たす.

- a) 食品安全方針・目標を作る.それらは,経営戦略と連動するものであること(5.2, 6.2参照)
- b) 事業活動の中でFSMSが一体となって運用されるようにする.
- c) FSMSを運用するために必要な資源を用意する(7参照).
- d) FSMSの重要性を従業員に説く.規格要求事項,食品安全法規制,顧客との契約内容を順守することを誓う.
- e) FSMSが登録目的を達成するよう,PDCAを回す.
- f) FSMSが有効に機能するように,従業員を指揮し,支援する.
- g) 継続的改善を推進する.
- h) 管理職の役割を支援する.

5.2 食品安全方針
5.2.1 食品安全方針の確立
(1) 経営者は,食品安全方針を策定し,従業員に展開する.
(2) 方針策定する際の注意事項
- a) 事業目的や経営環境に対して,適切であること
- b) 法令の順守,顧客との契約内容の順守を明言する.
- c) FSMSを継続的に改善し続けることを明言する.

(3) 方針を展開する際の注意事項
- d) 方針を実現するための食品安全目標を設定し,進捗管理,達成度評価の枠組みを設ける(6.2参照).
- e) 社内外で食品安全情報が共有できるようにする(7.4参照).
- f) 従業員に対する食品安全の教育を積極的に行う(7.2参照).

(4) 食品安全方針は,毎年,マネジメントレビューで見直しの必要がない

か確認する（9.3 参照）．

5.2.2 方針の周知・社外への公表
策定した食品安全方針は，文書化し，次のように展開する．
- **a)** 各部署と休憩室，食堂に掲示する．方針の内容は，期初に経営者が全体朝礼で説明する（ISO 事務局，経営者）．
- **b)** 社内で，すべての従業員に食品安全方針の内容を理解させ，日々の業務に活かされるようにする（各部）．
- **c)** 当社の食品安全方針に興味をもつ人に情報が開示できるように，当社のウェブサイトで公表する（総務部）．

5.3 組織の役割，責任及び権限
5.3.1 責任・権限
(1) 経営者は，FSMS が適切に運用できるように，食品安全に関連する責任・権限を定め，"職務分掌"に規定する．
(2) 製造現場で問題が発生したときの報告・指示系統："緊急連絡網"を現場に掲示する．
(3) 食品安全チームリーダーの指名：経営層の中から経営者が指名する．
(4) 食品安全チームの指名：食品安全チームリーダーが選抜し，経営者の承認を得る．

5.3.2 食品安全チームリーダーの責任
- **a)** FSMS の確立，運用，改善
- **b)** 食品安全チームのマネジメント
- **c)** 食品安全チームに対する食品安全教育の計画（7.2 参照）
- **d)** FSMS の運用状況を経営者に報告する（9.3 参照）．

5.3.3 従業員の責任
すべての従業員は，FSMS の不具合を発見したら，必ず上長に報告する．

6 計画
6.1 リスク及び機会への取組み

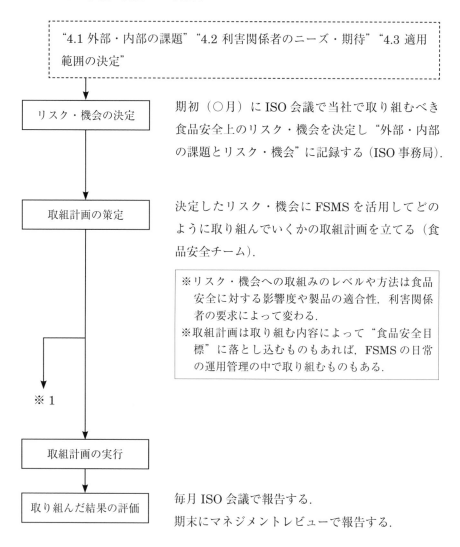

```
┌─────────────────────────────────────────┐
│ "4.1 外部・内部の課題" "4.2 利害関係者のニーズ・期待" "4.3 適用 │
│ 範囲の決定"                              │
└─────────────────────────────────────────┘
            ↓
┌──────────────┐   期初（○月）に ISO 会議で当社で取り組むべき
│ リスク・機会の決定 │   食品安全上のリスク・機会を決定し"外部・内部
└──────────────┘   の課題とリスク・機会"に記録する（ISO 事務局）．
            ↓
┌──────────────┐   決定したリスク・機会に FSMS を活用してどの
│ 取組計画の策定   │   ように取り組んでいくかの取組計画を立てる（食
└──────────────┘   品安全チーム）．

            ┌─────────────────────────────────────┐
            │ ※リスク・機会への取組みのレベルや方法は食品 │
            │  安全に対する影響度や製品の適合性，利害関係 │
            │  者の要求によって変わる．                │
            │ ※取組計画は取り組む内容によって"食品安全目 │
            │  標"に落とし込むものもあれば，FSMS の日常 │
            │  の運用管理の中で取り組むものもある．     │
            └─────────────────────────────────────┘

※1
            ↓
┌──────────────┐
│ 取組計画の実行   │
└──────────────┘
            ↓
┌──────────────┐   毎月 ISO 会議で報告する．
│ 取り組んだ結果の評価 │   期末にマネジメントレビューで報告する．
└──────────────┘
```

6.2 食品安全目標

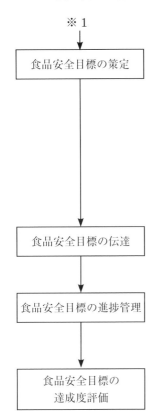

期初（○月）に食品安全目標を策定し"事業年度目標"に明記する（各部署）．

【食品安全目標設定の注意事項】
・食品安全方針と整合していること
・達成したかどうかがわかるような具体的な目標を設定すること
・法令，顧客要求は考慮すること

今期の食品安全目標を従事者に伝達する（各部署）．

毎月 ISO 会議で報告する．
進捗によって期中での下方・上方修正や施策の見直しを行う．

期末にマネジメントレビューで報告する（9.3 参照）．

6.3 変更計画

組織変更や人事異動，業務移管など，FSMS に影響を及ぼす変更が生じた場合は，ISO 事務局は，必要に応じて食品安全チームを招集し，システムの見直しを行う．その際，次の事項を検討する．

a) 変更によって，どういう問題が起こり得るか
b) FSMS が維持できる状態か
c) 新たな資源は必要ないか
d) 責任・権限は明確か

7 支援
7.1 資源(人,モノ,お金,情報など)
7.1.1 一般
FSMSの運用に必要な資源を明確にし,必要に応じて,提供する.内部で必要な人員を育成したり,配置したりすることができない場合は,外部から確保することも検討する.

7.1.2 人々
(1) 従業員に必要な力量:7.2参照
(2) 外部コンサルタントの協力を得る場合:○○部
　　・コンサルタントの力量を確認した記録を保管
　　・責任・権限を定めた契約書を締結(総務部)

7.1.3 インフラストラクチャ
FSMSの運用に必要なインフラストラクチャの導入,維持管理に必要な資源:○○参照

> **✎ アドバイス ✎**
> 予算確保(稟議書,年間設備計画)や人員確保の流れを記載すればよいでしょう.規程があれば参照します.

7.1.4 作業環境
(1) 食品安全上,作業環境の維持に必要な資源の投資:○○参照
(2) 作業環境の維持管理方法:"一般衛生管理規程"参照

5.7 マニュアルの作成——7 支援　145

7.1.5 外部で開発された食品安全マネジメントシステムの要素

外部で開発された FSMS のモデルプランを使用する場合は，次の事項に注意する．

- a) ISO 22000 の要求事項を満たすこと
- b) 製造現場，業務，製品の適用できること
- c) 食品安全チームによって，当社に合うように見直しされていること
- d) 導入したプランを実施し，見直しすること
- e) 記録を残すこと

> ✎ **アドバイス** ✎
> 外部で開発されたプランの活用がなければ"なし"でもよいでしょう．

7.1.6 外部から提供されるプロセス，製品又はサービスの管理

原材料・資材の購入先，製造委託先，管理業務の委託先については，次の管理を行う．

【原材料・資材の購入先】

表3

管理項目	管理方法
新規取引先の選定	・原材料・包材規格書の入手（研究開発部） ・サンプル検査（必要に応じて）："検査報告書"（品質保証部） ・"新規取引先評価表"による評価 ➡ "取引業者一覧"への登録（研究開発部）
当社からの要求事項の周知	・当社からの要求事項を先方に伝達し，必要事項は"見積書"又は"原材料・包材規格書"（当社様式）に明文化してもらう（研究開発部）．

表3（続き）

管理項目	管理方法
モニタリング	・受入検査の実施（"原材料受入検査手順書"参照）（原材料調達部） ・不適合が発生した場合は，購入先に必要に応じて，クレームを提示し，改善を求める："原材料クレーム一覧表"（原材料調達部）
再評価	・年度末に，クレームの発生状況を分析する："原材料クレーム分析"（原材料調達部） ・クレームが継続して発生し，取引の継続が難しくなった場合，再評価する："既存取引先評価表"（原材料調達部）

【製造委託先】

表4

管理項目	管理方法
新規取引先の選定	・原材料・包材規格書の入手（研究開発部） 　注　FSMS適用製品の委託の場合は，フローダイアグラム，ハザード分析，ハザード管理プランの入手（研究開発部） ・製造委託品のサンプル検査："検査報告書"（品質保証部） ・工場の品質監査（必要性を品質保証部が判断し，実施）："工場査察報告書" ・"新規取引先評価表"による評価 ➡ "取引業者一覧"への登録（研究開発部）
当社からの要求事項の周知	・当社からの要求事項を先方に伝達し，"見積書""契約書"又は"原材料・包材規格書"（当社様式）に明文化してもらう．（研究開発部）
モニタリング	・CCP記録の確認（月1回品質保証部） ・不適合が発生した場合は，購入先に必要に応じて，クレームを提示し，改善を求める："原材料クレーム一覧表"（原材料調達部）
再評価	・年1回の品質監査："工場査察報告書"（品質保証部） ・クレームが継続して発生し，取引の継続が難しくなった場合，再評価する："既存取引先評価表"（原材料調達部）

5.7 マニュアルの作成——7 支援   147

【業務の委託先】 (保守,検査,貯水槽清掃など,役務の委託)

表5

管理項目	管理方法
新規取引先の選定	・仕様と"見積り"を確認(窓口部署) ・資格を要する業務の委託については,資格を保有していることを確認(窓口部署) ・"新規取引先評価表"による評価 ➡ "取引業者一覧"への登録(窓口部署)
当社からの要求事項の周知	・当社からの要求事項を先方に伝達し,"見積書""契約書"などに明文化してもらう(窓口部署).
モニタリング	・作業完了報告書の確認(窓口部署)
再評価	・クレームが継続して発生し,取引の継続が難しくなった場合,再評価する:"既存取引先評価表"(窓口部署)

7.2 力量

(1) 各部署に必要な食品安全の力量

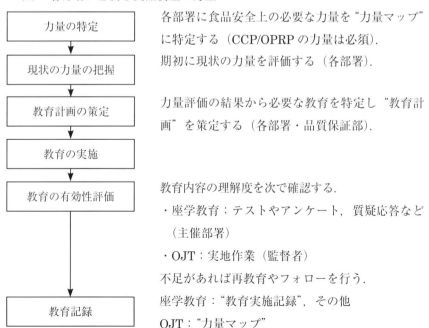

各部署に食品安全上の必要な力量を"力量マップ"に特定する(CCP/OPRPの力量は必須).

期初に現状の力量を評価する(各部署).

力量評価の結果から必要な教育を特定し"教育計画"を策定する(各部署・品質保証部).

教育内容の理解度を次で確認する.
・座学教育:テストやアンケート,質疑応答など(主催部署)
・OJT:実地作業(監督者)

不足があれば再教育やフォローを行う.

座学教育:"教育実施記録",その他
OJT:"力量マップ"

(2) 食品安全チームに必要な力量

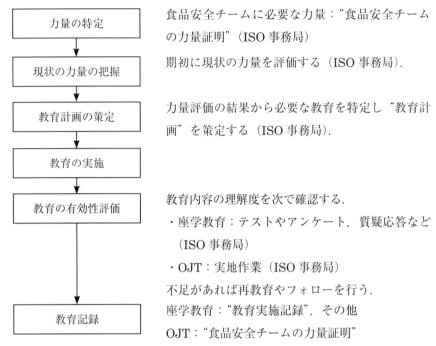

食品安全チームに必要な力量："食品安全チームの力量証明"（ISO事務局）

期初に現状の力量を評価する（ISO事務局）．

力量評価の結果から必要な教育を特定し"教育計画"を策定する（ISO事務局）．

教育内容の理解度を次で確認する．
・座学教育：テストやアンケート，質疑応答など（ISO事務局）
・OJT：実地作業（ISO事務局）
不足があれば再教育やフォローを行う．
座学教育："教育実施記録"，その他
OJT："食品安全チームの力量証明"

注 教育で必要な力量がまかなえない場合は，力量を備えた人の採用，外注化などもあり得る．

7.3 認識（躾）

従業員に対しては，次の事項を認識できるように教育を行う．

a) 食品安全方針
b) 部門の食品安全目標
c) 普段の業務の中で，自分がFSMSでどのように貢献していけばよいか．
d) ルールに従わなかった場合，どのような問題が生じるか．

7.4 コミュニケーション

7.4.1 一般

社内外で，食品安全情報を共有するための仕組み a)～e) を確立する．

a) 内容
b) 実施時期
c) 対象者
d) 方法
e) 行う人

7.4.2 外部コミュニケーション

社外で食品安全情報を共有するために，次のコミュニケーションを行う．

表6

外部 (対象者)	共有する情報 (内容)	時期	方法	窓口 (行う人)	文書・記録名
原材料 メーカー	原材料の 食品安全情報	年1回	文書	原材料 調達部	原材料規格書, 包材規格書,検 査成績書
	原材料の クレーム情報	発生の都度	メール		原材料クレーム 報告
委託先	製品の取扱いに 関する要求事項	契約の都度	文書	契約部署	契約書
	配送業務報告	毎日	記録		"配送日報"
	取扱製品に発生 した不適合の報告	発生の都度	メール		(委託先からの) 報告書
顧客	製品の 食品安全情報	取引開始時	文書	営業部	"製品規格書"
	製品の クレーム情報	発生の都度	電話／ FAX／ メール	営業部	"クレーム受付票" "異常発生報告書" (お客様への)報 告書(必要時)

表6（続き）

外部 (対象者)	共有する情報 (内容)	時期	方法	窓口 (行う人)	文書・記録名
一般 消費者	製品の 食品安全情報	食品表示	製品に 貼付	研究 開発部	食品表示
		常時公開	ウェブサイトで公開	総務部	当社ウェブサイト
	製品の クレーム情報	発生の都度	電話／ FAX／ メール	お客様 相談室	"クレーム受付票" "異常発生報告書" (お客様への)報告(必要時)
行政機関 (保健所, 農政局)	製造する製品,製造工程(管理基準),使用設備	営業許可申請時,更新時	文書	品質 保証部	営業許可申請書
	製品回収報告	発生の都度	電話／ 文書	品質 保証部	"製品回収報告書"
	広域衛生巡回	年1回	記録	品質 保証部	"食品製造施設監視票"
認証機関	当社のFSMS	審査前	専用システム	ISO 事務局	"食品安全マニュアル"
	審査結果	年1回	文書	ISO 事務局	審査報告書

✐ワンポイント✐

外部コミュニケーションの概要を一覧表にしてもよいでしょう．

(1) 外部コミュニケーションで得られた情報は，マネジメントレビュー（9.3参照），FSMSの更新（4.4及び10.3参照）で報告，活用する．

7.4.3 内部コミュニケーション

FSMS に関連する事項に変更が生じる場合は，あらかじめ次の媒体を通じて，食品安全チームに変更内容を報告する．

表7

媒体 （方法）	主幹部署 （行う人）	参加者（対象者）	内容	時期
経営会議	—	経営者，各部長	人事異動，組織変更，事業計画，食品安全方針・目標管理，マネジメントレビュー	月1回
ISO会議	ISO事務局	食品安全チーム	食品安全方針・目標，人事・組織，法規制，ハザード情報（他社の事故情報を含む），教育訓練	月1回
製造会議	製造部	製造部長，製造各課長，物流部長，品質保証課長	原材料・包装資材，製造工程・管理基準・設備，PRP，生産計画，顧客クレーム情報	月1回
品質保証会議	品質保証部	品質保証部長，品質保証部員	法規制，ハザード情報，業界情報・基準，各種検査結果，顧客・他社クレーム情報	月1回
開発会議	研究開発部	経営者，研究開発部長・部員，製造部長，品質保証部長，原材料調達部長	新製品開発，製品リニューアル，原材料・包装資材の選定	月1回
原材料会議	原材料調達部	購買部長・部員，研究開発課長，製造課長，品質保証課長	既存原材料の見直し，原材料クレーム情報	月1回
物流会議	物流部	物流部長，物流部員，製造課長	製品保管，配送	1回/2か月
営業会議	営業部	経営者，営業部長，営業部員	売上げ報告，新規顧客開拓，大口引合い，顧客要求	1回/2週間
各部朝礼	—	各部長，部員	食品安全方針，業務に関連する注意事項，報告事項	部署による
社内メール	—	全社員	FSMSに関する文書改訂情報，顧客クレーム情報	発生の都度

(**1**) 食品安全チームは，FSMS にかかわる変更情報を伝達されたら，安全性を確認したうえで，FSMS の文書を更新する（4.4 及び 10.3 参照）．
(**2**) ISO 事務局は，変更情報をマネジメントレビューで経営者に報告する（9.3 参照）．

7.5 文書・記録の管理

7.5.1 一般

(**1**) 組織の FSMS は，次の事項を含まなければならない．
   a) 規格が要求する文書・記録類
   b) 当社で，文書・記録が必要と判断したもの
   c) 行政機関や顧客が要求した文書・記録類，顧客要求を文書化したもの
(**2**) FSMS で使用する文書・記録："文書管理一覧""記録管理一覧"参照

> ❧ アドバイス ❧
> "文書管理一覧"や"記録管理一覧"は管理対象が明確になり，あると便利ですが，規格要求事項ではありません．

7.5.2 作成・更新

文書・記録の作成，更新する際は次の管理を行う．
   a) 表題をつける．作成・改訂日を入れる．作成者を明確にする．
   b) 文書は，原本を電子媒体で"文書管理一覧"に規定する管理部署が保管管理する．
      記録は，紙媒体で保管するものと電子媒体で保管するものがある（"記録管理一覧"に保管方法を特定）．
   c) 文書は発行前に，承認を行う（承認者を"文書管理一覧"に特定）．

7.5.3 文書・記録の管理
7.5.3.1
FSMSで使用する文書・記録は，次のとおり管理する．
- **a)** 必要なときにすぐに取り出せるように，管理部署を"文書管理一覧""記録管理一覧"に定める．
- **b)** 文書・記録類のアクセス管理，改ざん防止を行う［7.5.3.2 a)，f) 参照］

7.5.3.2
- **a)** 文書の配付方法：文書は電子媒体で保管されている原本のみを管理文書とし，配付されたものは非管理文書とする（各員は，最新版を電子媒体で確認して使用すること）．
  アクセス管理：機密文書については，アクセス管理を行う．アクセス管理する文書は，紙媒体で配付しない．
- **b)** 読みやすさ：文書は手書きしない．
  保管・保存：7.5.2 b) 参照
- **c)** 変更の管理：文書は最新版がわかるように，改訂日を入れる．改訂箇所がわかるように赤字又は下線を入れる．
- **d)** 保持・廃棄：記録は，保管期間を"記録管理一覧"に定める．保管期間を過ぎた記録は，管理部署が期末に廃棄する．
- **e)** 外部から入手した文書（外部文書）
  対象："外部文書管理一覧"に特定
  最新版の入手方法："外部文書管理一覧"に定める方法で，最新情報を入手する．
- **f)** 記録の改ざん防止：記録を訂正する場合は二重線を引き，訂正印を押す．

【文書管理一覧】

表8

文書名	作成・改訂部署	承認者	管理部署	更新	機密文書アクセス権限
食品安全マニュアル	ISO事務局	社長	ISO事務局	年1回	―
食品安全方針	社長	社長	ISO事務局	年1回	―
製品規格書	研究開発部	研究開発部長	研究開発部	仕様変更の都度	○ 研究開発部員 品質保証部員
フローダイアグラム	製造部	食品安全チームリーダー	ISO事務局	年1回	―
ハザード分析表	食品安全チーム	食品安全チームリーダー	ISO事務局	年1回	―
OPRPプラン	製造部	食品安全チームリーダー	ISO事務局	年1回	―
HACCPプラン	製造部	食品安全チームリーダー	ISO事務局	年1回	―
⋮	⋮	⋮	⋮	⋮	⋮

🖉ワンポイント🖉

本マニュアルに記載されている文書は，一覧に登録し，文書の管理方法を決めましょう．

【記録管理一覧】

表9

記録名	管理部署	保管期間
各種製造工程チェックシート	製造部	1年
原材料受入チェックシート	原材料調達部	1年
配合表	製造部	1年
配送日報	物流部	1年
健康診断結果報告書	総務部	3年
検便検査報告書	品質保証部	1年
内部監査不適合報告書	ISO事務局	5年
経営会議議事録	ISO事務局	5年
⋮	⋮	⋮

> ワンポイント
>
> 本マニュアルに記載されている記録は，一覧に登録し，管理方法を決めましょう．

【外部文書管理一覧】

表10

文　書　名		管理部署	最新情報の入手方法
ISO規格要求事項		ISO事務局	認証機関ウェブサイト参照
法規制	食品衛生法（施行規則を含む）	品質保証部	農林水産消費安全技術センターのメールマガジン
	食品表示法		
	食品事業者等が実施すべき管理運営基準		厚生労働省ウェブサイト
	○○県衛生管理条例，食品衛生規則		○○県ウェブサイト"食の安全安心ひろば"
	製造物責任法（PL法）		総務省法令データ提供システム
	不当景品類及び不当表示防止法（景表法）		公正取引委員会ウェブサイト
	弁当・総菜の衛生規範		日本食品衛生協会ウェブサイト
原材料規格書，包材規格書，検査成績書		原材料調達部	原材料メーカーから年1回更新
年間施工計画		品質保証部	防虫業者から都度提出
防虫業者が使用する薬剤のSDS		品質保証部	防虫業者から都度提出

🖋ワンポイント🖋

どこまでの外部文書を管理する必要があるかは，それぞれの会社で判断してください．

8 運用

8.1 運用の計画及び管理

(1) 安全な製品を顧客に提供するため,リスク管理を行うため,次の管理を定める.

    a) 各業務プロセスの基準を定める.

    b) 基準に従った管理を実施する.

    c) 適正に管理できたことを示すために記録を残す.

(2) 管理に変更が生じる場合,あらかじめ,変更内容を確認し,体制を見直す.

(3) 外部委託した業務も確実に管理する (7.1.6 参照).

8.2 PRP(前提条件プログラム)

8.2.1

安全な製品を製造するために,工程を管理し,衛生的な作業環境を維持するため,PRP(前提条件プログラム)を確立し,"一般衛生管理規程"として文書化する.

8.2.2

PRP を策定する際は,次の事項に注意する.

    a) 当社に適したもので,業界の基準を網羅したものであること

    b) 作業規模,製品特性,ライン特性を踏まえて,適したものであること

    c) 工場全体で運用すること

    d) 食品安全チームが内容を承認すること

8.2.3

PRP を策定する際は,顧客要求,並びに,次の事項も考慮する.

- a) ISO/TS 22002-1
- b) 業界基準，厚生労働省が示すガイドライン

8.2.4
(1) PRPには，次の事項を含める．
- a) ユーティリティを含む建物の構造と配置："施設図面"
- b) ゾーニング，衛生区分，従業員施設を含む構内配置："衛生区分図"
- c) 空気，水，エネルギーなどのユーティリティ
- d) 防虫施工，廃棄物，排水処理
- e) 機器の選定基準，清掃・洗浄・保守がしやすくするための配置の基準
- f) 原材料・包装資材，薬品を購入する際の手順（業者選定，規格書など事前入手が必要な情報）
- g) 原材料・包装資材の輸送・受入手順，保管方法，製品の取扱方法
- h) 交差汚染防止手順
- i) 洗浄・殺菌方法
- j) 従業員の衛生管理（身だしなみ，持込み禁止，健康管理など）
- k) 製品情報（食品表示，日付印字，製品情報の公開についてなど）
- l) その他

(2) PRPの検証方法は8.8.1を参照

8.3 トレーサビリティシステム
(1) 農林水産省発行の"食品トレーサビリティシステム導入の手引き"に基づき，次の事項を含め，トレーサビリティシステムを確立する．
- a) 受入原材料，中間製品，最終製品のロット
- b) 再加工工程
- c) 最終製品の配送先

(2) トレース記録の保管："記録管理一覧"に定める期間，管理部署が保

管する．
(3) 年1回の回収模擬訓練時にトレーサビリティを確認する．

8.4 緊急事態への準備及び対応
8.4.1 一般
当社で発生し得る緊急事態・インシデントを想定して，対応手順を"緊急事態対応規程"に定める．

8.4.2 緊急事態及びインシデントの処理
当社は次の事項を行う．

- **a)** 社内の情報連絡網を強化し，緊急事態やインシデントに備える："緊急連絡網"参照
緊急事態・インシデントが発生した際，必要に応じて社外に情報を公開する："緊急事態対応規程"参照
- **b)** 緊急事態・インシデントが発生した際は，食品安全への影響度に応じて対処する．食材使用の是非の判断基準，製造ラインの復旧手順："緊急事態対応規程"参照
- **c)** 緊急事態対応規程の検証：年1回の製品回収模擬訓練とあわせて，検証する："製品回収模擬訓練報告書"
- **d)** 緊急事態・インシデント発生時の記録："不適合報告書"又は"製品回収報告書"

8.5 ハザードの管理
8.5.1 ハザード分析の準備
8.5.1.1 一般
ハザード分析を実施するために，食品安全チームは事前情報を収集する．これには，次のものを含む．

- **a)** 食品安全にかかわる法規制，顧客要求事項
- **b)** 製品情報，工程・機器の情報
- **c)** 食品安全ハザード

8.5.1.2　原材料，包装資材の食品安全情報

（1）原材料や包装資材の食品安全ハザードを特定するために，使用前に原材料規格書や必要な検査成績書を入手する（原材料調達部）．

（2）必要情報は原材料や資材によって異なるため，a)〜j) から必要情報を品質保証部が指定し，原材料調達部が入手する．

- **a)** 生物的・化学的・物理的特性値
- **b)** 原材料（添加物，加工助剤を含む）
- **c)** 原材料の種類
- **d)** 加工品の加工場所，原材料原産地
- **e)** 製造工程
- **f)** 包装・配送方法
- **g)** 保管条件，消費・賞味期限，使用期限など
- **h)** 使用・加工前の準備，取扱いなど
- **i)** 合否判定基準

（3）原材料に法的基準が適用される場合は，法的基準を把握したうえで，入手した情報から法的基準に合致していることを品質保証部が確認する．

（4）原材料規格書，検査成績書は年1回更新する（原材料調達部）．

8.5.1.3　製品の食品安全情報

（1）当社は，最終製品の食品安全情報を"製品規格書"に文書化する．"製品規格書"には次の事項を定める．

- **a)** 製品名，製品の種類
- **b)** 原材料，配合
- **c)** 生物的，化学的，物理的特性値

d） 消費・賞味期限，使用期限，保管条件
e） 包装形態，包装資材の材質
f） 食品表示，警告表示など
g） 配送・引渡し方法
（2） 製品に関連する食品安全法規制は，開発段階で研究開発部が把握し，"開発計画書"に明記する．

8.5.1.4 意図した用途
（1） 消費者の誤使用の想定："開発計画書"に記載し，ハザードとならないように製品設計で考慮する．
（2） 消費者／ユーザの特定："開発計画書"に記載し，食品安全ハザードに対して脆弱な場合は，製品設計で考慮する．

> **アドバイス**
> 意図した用途は，文書化し，情報共有することで，製品設計に役立てます．どこに文書化しておけば，その目的を果たせるかを考えて，文書化しましょう．

8.5.1.5 フローダイアグラム及び工程の記述
8.5.1.5.1 フローダイアグラムの作成
（1） 食品安全チームは，ハザード分析を行うために，FSMS の対象製品のフローダイアグラムを作成する．
（2） フローダイアグラムは，ハザード分析を行うために，工程に抜けや漏れがなく，詳しいものであること．フローダイアグラムは次の事項を含める．
　a） 作業手順，相互関係

b) 外部委託した工程

c) 原材料,包装資材,加工助剤,ユーティリティ,中間製品がフローに入る箇所

d) 再加工,再利用する工程

e) 最終製品,中間製品,副産物,廃棄物を排出する工程

8.5.1.5.2 フローダイアグラムの現場確認

作成したフローダイアグラムは,食品安全チームが現場確認を行い,記録として保管する.

8.5.1.5.3 工程及び工程の環境の記述

食品安全チームは,ハザード分析を行うために,次の事項を文書化する.

a) 構内配置図面:"工場平面図"参照

b) 加工機器,食品に接触する包装資材,加工助剤などのフロー:"フローダイアグラム"に記載

c) 既存のPRP,食品安全に影響を与え得る工程の管理基準や手順:"一般衛生管理規程"各作業手順書参照

d) 顧客要求や行政機関からの指導事項:"製品規格書""広域巡回記録"

・季節的変動,シフト変動がある場合は,その旨記載する.
・常に最新情報を文書化する.

8.5.2 ハザード分析

8.5.2.1 一般

(**1**) 食品安全チームは,ハザード分析を実施する.

(**2**) ハザード分析で決定する管理手段によって,食品安全を保証する.

8.5.2.2 ハザードの特定及び許容水準の決定

8.5.2.2.1

（1） 考えられる食品安全ハザードを特定し，"ハザード分析表"に文書化する．

（2） 特定にあたっては，次の事項を考慮する．

  a） 入手した"原材料規格書""包材規格書""製品規格書""開発計画書"（意図した用途の記述），"フローダイアグラム""工場図面""一般衛生管理規程"，各作業手順書，"広域巡回記録"

  b） 過去のクレーム・トラブルなど失敗の経験

  c） 疫学的な外部情報

  d） 顧客からのクレーム情報

  e） 食品安全法規制，顧客要求事項

（3） ハザードの特定は，三現主義に基づき，現場に行って作業環境や設備，作業手順を確認したうえで行う．

8.5.2.2.2

食品安全ハザードが存在し，持ち込まれ，増加・存続する可能性を特定する．

  a） 原材料メーカー，流通過程，客先での扱い

  b） フローダイアグラムに記載したすべての工程

  c） 工程に使用する機器，ユーティリティ管理，作業環境，従業員からの汚染

8.5.2.2.3

（1） 最終製品の食品安全ハザードの許容水準（ハザードにかかわる規格値）："製品規格書"（品質保証部決定）

（2） 許容水準の正当性の文書化："最終製品の許容水準の根拠"（品質保証部作成）

（3） 許容水準を決定する際に，考慮すること

a) 最終製品を客側でどのように使用するか（未加熱摂取，加熱加工など）
b) 法的基準など
c) その他の情報

8.5.2.3　ハザード評価

(**1**)　ハザード評価の結果："ハザード分析表"に記載
(**2**)　ハザード評価方法

表11

ハザード評価方法		重大さ	
		重大：2点	重大でない：1点
起こりやすさ	起こりやすい：2点	4	2
	起こりにくい：1点	2	1

備考　起こりやすさと重大さの掛け点が，
　　　1点：ハザードが重要でないため，管理しない（PRPレベルですでに管理できているもの．防止するためのPRPが実行されていない場合は，管理方法を決め，既存のPRPに追加する）．
　　　2点以上：ハザードが重要であるため，管理手段を選択する．CCP/OPRPの候補となるので，次のステップへ移行する．

8.5.2.4　管理手段の選択，カテゴリー分け

8.5.2.4.1

ハザード評価で2点以上になったハザードは，防止・低減するための管理手段を決定する．管理手段は，OPRPかCCPとして管理するようにカテゴリー分けする．

カテゴリーの分け方は次のとおりとする（図1）．

5.7 マニュアルの作成——8 運用

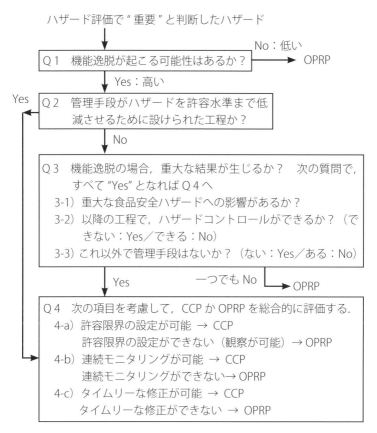

図1

・カテゴリー分けの結果は"ハザード分析表"に記述する．
・顧客要求事項があった場合は"ハザード分析表"の備考欄に記載する．

8.5.3 管理手段の事前・事後の安全確認

（1） 新製品を開発する際は，次の開発ステップを踏み，本生産開始前にHACCPシステムを確立する．

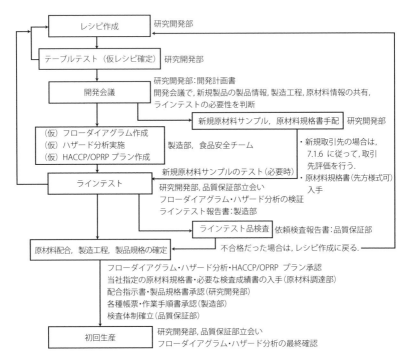

図2

> **ワンポイント**
> 新製品開発や設備導入，工程変更などの変更に際して，本生産開始までに安全性を確認し，HACCPシステムが確立できる体制を構築します．

8.5.4 ハザード管理プラン（**HACCP/OPRP** プラン）
8.5.4.1 一般
（**1**） CCP/OPRP の管理体制：“HACCP/OPRP プラン”
（**2**） “HACCP/OPRP プラン”には，次の情報を含む．
  a） 管理対象となる食品安全ハザード
  b） CCP の許容限界／OPRP の処置基準
  c） モニタリング方法
  d） 許容限界／処置基準を満たさない場合の修正（製品処置）
  e） 責任及び権限
  f） モニタリング記録

8.5.4.2 許容限界及び処置基準の決定
（**1**） CCP の許容限界／OPRP の処置基準：“HACCP/OPRP プラン”
  ・CCP の許容限界／OPRP の処置基準は，測定可能／観察可能でなければならない．
  ・基準に適合することで，製品の許容水準を超えないこと（8.5.2.2.3 参照）
（**2**） 決定の根拠の文書化：“CCP/OPRP の基準設定の根拠”に記載（品質保証部）

8.5.4.3 **CCP** における及び **OPRP** に対するモニタリングシステム
（**1**） 各 CCP/OPRP のモニタリングシステム：“HACCP/OPRP プラン”
  a） その場で結果が出る測定／観察
  b） 使用するモニタリング方法・測定機器
  c） 計測機器の校正方法／OPRP の観察を検証するための方法（8.7 参照）
  d） モニタリング頻度
  e） モニタリング結果の記録
  f） モニタリング実施者の責任・権限

g）モニタリング評価者の責任・権限
　注　c）の文書化については 8.7 を参照
（2）　各 CCP のモニタリング方法・頻度は，タイムリーに製品の隔離及び評価ができるように，モニタリング結果がタイムリーに検出できるものであること（8.9.4 参照）
（3）　各 OPRP のモニタリング方法・頻度は，逸脱の起こりやすさと結果の重大さを踏まえ，適切な対応がとれるものであること
（4）　OPRP のモニタリングが官能検査である場合は，検査員のばらつきが出ないように，指示書や限度見本などで，統一を図り，力量が認定されたものを配置すること（7.2 参照）

8.5.4.4　許容限界／処置基準の逸脱時の処置
CCP の許容限界，OPRP の処置基準が逸脱した場合の手順を"HACCP/OPRP プラン"又は 8.9.3 に規定し，次の対応が確実にとれるようにする．
　a）　保留品が誤って出荷されないようにする（8.9.4 参照）．
　b）　逸脱の原因を特定する．
　c）　逸脱した工程をもとの正しい状態に戻す（現状復旧）．
　d）　再発を防止する．
修正・是正の詳しい手順は 8.9.2 と 8.9.3 を参照のこと

8.5.4.5　ハザード管理プランの実施
"HACCP/OPRP プラン"の実施記録："HACCP/OPRP プラン"に規定

8.6　PRP 及びハザード管理プランを規定する情報の更新
（1）　"HACCP/OPRP プラン"作成後も，次のような変更が生じた場合は，適宜，文書を見直す．
　a）　原材料，包装資材の変更
　b）　製品規格・仕様の変更：8.5.3 参照

c) 意図した用途の変更
   d) 工程変更，製造環境の変更，管理基準の変更など
(2) 上記の変更を受けて，"HACCP/OPRP プラン"や"一般衛生管理規程"は常に最新版であること

8.7 計測機器の校正

PRP や CCP，OPRP に使用する計測機器は，正確な計測ができるように次の管理を"機器校正管理規程"に規定する．

   a) 決められた頻度で校正を行う．
   b) 必要な調整を行う．必要に応じて再調整する．
   c) 校正状態がわかるように，校正シールを張ったり，台帳で識別できたりするようにする．
   d) 調整が狂わないように，保護する．
   e) 計測機器の損傷，劣化から保護する．
(1) 校正記録："機器校正記録"
(2) 校正標準：標準機を用いて校正する．標準機がない場合は，基準としたものを"機器校正記録"に記録する．
(3) 校正時に異常が見つかった場合は，機器の修理・交換だけでなく，校正担当者は，その計測機器でこれまで測定した結果に問題がないかを確認する．もし，測定結果が基準を逸脱する場合は，上司に報告し，8.9 に従って処置を行う．以上の結果は，すべて"機器校正記録"に記録する．
(4) 計測にソフトウェアを使用する場合は，ソフトウェアの導入前に，導入の主幹部署が妥当性確認を行う．妥当性確認の記録を残し，ソフトウェアはタイムリーに更新する．ソフトウェアを変更する場合は"変更申請書"で関係部署の承認を得て，変更前に妥当性確認を行う．

> **✎ アドバイス ✎**
> 規格は，校正に際しての注意事項しか記載されていないので，校正対象，頻度，校正方法，校正基準などを"機器校正管理規程"などに定める必要があります．

8.8 PRP 及びハザード管理プランに関する検証
8.8.1 検証

HACCP システムが確実に機能していることを定期的に検証する．検証要領は次のとおりとする．

表 12

	検証項目	頻度	方　法	検証記録	検証責任
a)	PRP の実施状況	日次 週次 月次	各種 PRP チェックシートの確認	各種 PRP チェックシートの確認印	製造部
		月1回	7S パトロール	"7S パトロール指摘事項一覧"	7S 委員会
	PRP の効果	月1回	環境検査（拭き取り，落下菌，手指）の実施	"検査報告書"	品質保証部
		月1回	クレーム集計	"クレーム集計表"	品質保証部
		毎日	"生産管理表"によるトラブルの確認	"生産管理表"の確認印	製造部
b)	CCP/OPRP の実施状況	毎日	製造記録類の確認	製造記録の確認印	製造部
		年1回	内部監査（記録の確認，現場監査）	"内部監査報告書" "内部監査不適合報告書"	内部監査チーム
	CCP/OPRP の効果	毎ロット	c) 項参照		

表12（続き）

	検証項目	頻度	方　　法	検証記録	検証責任
c)	製品検査	毎ロット	製品検査規程参照	"製品検査報告書"	品質保証部
d)	原材料規格書 包材規格書 検査成績書の 入手状況	年1回	内部監査（記録の確認，現場監査）	"内部監査報告書" "内部監査不適合報告書"	内部監査チーム
	製品規格書の 最新情報				
	フローダイアグラムの最新版				
e)	各種手順書の 実施状況	年1回	内部監査（記録の確認，現場監査）	"内部監査報告書" "内部監査不適合報告書"	内部監査チーム
	是正処置の 有効性評価	年1回	異常発生件数の集計，傾向分析	ISO会議議事録	ISO事務局

(1) 検証活動の注意事項
　・検証活動は，普段モニタリングしている人とは別の人が行うこと
　・検証結果の周知：ISO会議で，毎月報告すること
　・製品検査で異常が出た場合：製品の取扱いは8.9.4.3参照のこと．
　　8.9.3に従って是正処置を実施すること

8.8.2　検証活動の結果の分析

食品安全チームは8.8.1の検証結果を定期的にデータ分析する（→ その結果は9.1.2分析及び評価で活用する）．

8.9 製品，工程の不適合管理

> **アドバイス**
> 規格は修正・是正の注意事項しか記載されていないので，マニュアルにそのまま転記しても機能しません．ライントラブルが発生した際の自社の手順を，要求事項を含め，具体的に（修正・是正の実施・承認者，報告系統，判断基準，処置方法など）決めて文書化しましょう．

8.9.1 一般
（1）CCP/OPRP のモニタリング結果は，指名された要員が評価する．
（2）評価者は，各製造記録の承認欄に指定する．

8.9.2 修正（製品の処置）
"HACCP/OPRP プラン" に記載する．

8.9.3 是正処置（再発防止）
（1）CCP の許容限界／OPRP の処置基準が逸脱した場合は，次の是正処置を実施すること

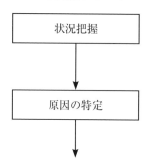

状況把握：トラブルの状況を把握していつからトラブルが発生したかを見極める（ライン責任者）．

原因の特定：ライン責任者が原因を特定する．必要であれば品質保証部や設備保全部，外部の協力を得てもよい．

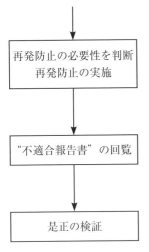

再発防止の必要性を判断して再発防止を実施する（ライン責任者）．

修正結果を含めて実施した是正処置の内容を"不適合報告書"に記録して工場長の承認を得る（ライン責任者）．

内部監査のときに是正の継続的な実施状況を確認する（内部監査員）．
トラブルの発生状況の集計からトラブルの再発がないことを確認する（生産管理課）．

8.9.4　保留品の取扱い

"HACCP/OPRP プラン"に記載する．

8.9.5　製品回収

> ✐アドバイス✐
> 規格は，製品回収手順の注意事項しか要求していないので，これだけマニュアルに書いても機能しません．これらの注意事項を含め，具体的な回収手順を記載するか，別紙に作るとよいでしょう．

(1)　模擬回収訓練：年1回，品質保証部が主管部署となって実施
(2)　模擬回収訓練の記録："模擬回収訓練報告書"

【製品回収手順（例）】

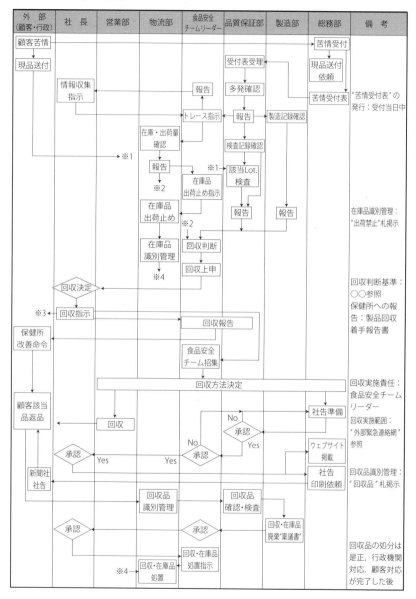

図3

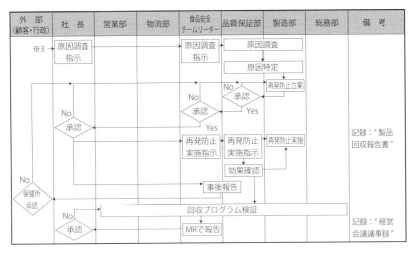

図 3（続き）

9 運用状況の評価

9.1 各業務の監視，分析，評価

9.1.1 一般

(**1**) FSMS が適切に運用できているかを次の視点で監視する．
- クレーム件数・発生率
- 製品検査合格率
- トラブル発生件数

(**2**) これらの結果から，FSMS が有効に機能し，安全な製品づくりに貢献しているかを食品安全チームで分析・評価する（→ 9.1.2 へ）．

9.1.2 分析及び評価

(**1**) 食品安全チームは，年1回マネジメントレビューの前に，次の項目から FSMS の運用状況を分析・評価する（9.3.2 参照）．
- PRP の運用状況
- "HACCP/OPRP プラン" の実施状況（8.5.4，8.8 参照）

・内部監査の結果（9.2 参照）

・外部監査の結果

・モニタリング・測定の結果（9.1.1 参照）

(**2**) 評価分析で，次の事項を確認する．

・規格要求事項や，当社の FSMS ルールに適合した運用がなされているか

・FSMS を見直す必要性はないか

・逸脱が高い頻度で起こっていないか

・次の内部監査計画立案に関して有用な情報はないか

・いままでにとった修正・是正処置が効果的だったか

(**3**) 分析結果，結果に対する対応は，"ISO 会議議事録"に記録し，マネジメントレビューで経営者に報告する．

5.7 マニュアルの作成——9 運用状況の評価

9.2 内部監査

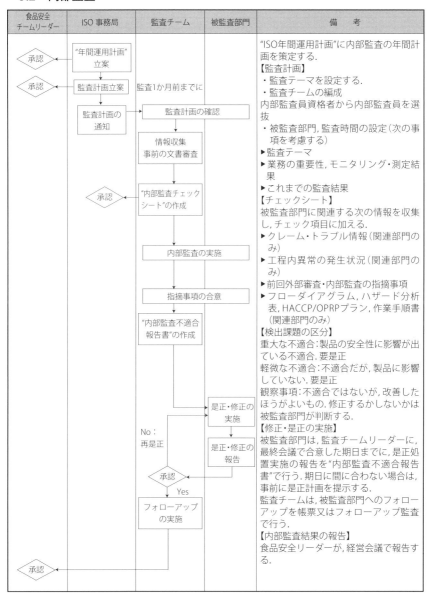

図4

> **✎ アドバイス ✎**
> 規格は，内部監査の視点や注意事項しか要求していないので，要求事項だけ書いても内部監査は機能しません．むしろ，注意事項を含め，具体的な内部監査の手順を記載したほうが有効です．

9.3 マネジメントレビュー
9.3.1 一般
経営者は，当社の FSMS がうまく機能しているかどうかを確認するため，年1回，FSMS の運用報告会（マネジメントレビュー）を開催する．

9.3.2 経営者への報告事項
（1） マネジメントレビューでは，次の事項を食品安全チームリーダーから経営者に報告する．
   a） 前回までのマネジメントレビューの結果を受けて，その後，とった処置の状況
   b） 経営環境の変化，外部・内部の課題の変化（4.1 参照）
   c） 次に示す傾向を含めた，FSMS のパフォーマンス及び有効性に関する情報
     1） システム更新活動の結果（4.4，10.3 参照）
     2） モニタリング・測定の結果（9.1.1 参照）
     3） PRP，"HACCP/OPRP プラン" の検証活動の結果の分析（8.8.2 参照）
     4） 不適合，是正処置
     5） 内部・外部監査の結果
     6） 各種検査の結果

5.7 マニュアルの作成——9 運用状況の評価

　　7) 原材料・委託先クレームの発生状況
　　8) リスク・機会への取組結果（6.1 参照）
　　9) 食品安全目標の達成状況（6.2 参照）
　d) 予算，人員確保の申請
　e) 緊急事態，インシデント（8.4.2 参照），製品回収（8.9.5 参照）
　f) 外部・内部コミュニケーションを通じて経営者に報告すべき事項（7.4 参照）
　g) 継続的改善の機会
（2）報告するうえでの注意事項：経営者に報告する際は，データ分析し，傾向をつかんだ内容を提示すること

9.3.3 経営者からのコメント
（1）経営者は，マネジメントレビューで，次の視点でコメントを出す．
　a) 改善要望・指示
　b) 資源の必要性，食品安全方針・目標の改訂，FSMSで改善してほしいこと
（2）マネジメントレビューの結果は"経営会議議事録"に記録する．

10 改善

10.1 不適合及び是正処置

> **＊アドバイス＊**
> 規格は，修正・是正の大まかな流れしか要求しないので，クレームや工程トラブル，製品検査の異常時など，異常のパターンごとに対応手順を明記したほうが有用です．

10.2 継続的改善

(**1**) 有効な FSMS を運用するために，食品安全チームが中心となって，FSMS は継続的に改善する．以下の情報を活用し，改善の機会とする．
- コミュニケーション（7.4 参照）
- マネジメントレビュー（9.3 参照）
- 内部監査（9.2 参照）
- 検証活動の結果の分析（8.8.2 参照）
- 管理手段及び管理手段の組合せの妥当性確認（8.5.3 参照）
- 是正処置（8.9.3 参照）
- FSMS の更新（10.3 参照）

10.3 FSMS の更新

(**1**) 経営者は，FSMS が継続的に更新されるようにする．
(**2**) FSMS の評価：年 1 回，ISO 会議で行う．
(**3**) FSMS の更新
- "ハザード分析表" "HACCP/OPRP プラン" "一般衛生管理規程" の見直し：年 1 回，ISO 事務局が食品安全チームに分担して見直

しを行う．
　　・その他，更新活動：次の事項があった場合，ISO事務局主導で，適宜，FSMSを見直す．
a) 内部・外部コミュニケーションからの情報（7.4参照）
b) FSMSの適切性，妥当性及び有効性に関するその他の情報
c) 検証活動の結果の分析結果（9.1.2参照）
d) マネジメントレビューの経営者のコメント（9.3参照）
(4) システム更新活動は記録し，マネジメントレビューのインプット項目として経営者に報告する（9.3参照）．

第6章

ISO 22000 の今後
―FSSC 22000 と JFSM

2018年6月，ISO 22000:2018 が発行されましたが，世界的な動きとしては，GFSI が承認する FSSC 22000 も無視できません．さらに，日本発の食品安全マネジメントシステム規格である JFS 規格が，今後 ISO 22000 や FSSC 22000 と並ぶ食品安全マネジメントシステム規格に成長することも考えられます．この章では，そういった状況について概説します．

6.1　ISO 22000 の今後

先にも述べたように，2018年6月19日付けで，新しい ISO 22000 が発行されました．ISO 22000:2018 です．

ISO のウェブサイト（https://www.iso.org/）によると，ISO 規格の数はおよそ22 600 あると記されています（執筆当時）．この中には，ISO 22000 や ISO 9001 のようなマネジメントシステム規格だけではなく，主として，ねじやカメラのフィルムなどのような製品規格があります．

ISO 規格は原則として5年ごとにその内容の見直しが行われます．これは，時代の流れに規格の内容が対応できているかどうかを判断し，必要に応じて改訂又は廃止，確認するためのものです．今回の ISO 22000 の見直しもこのルールに基づいて行われたものです．実は ISO 22000 は2005年に発行された後，2010年に一度見直しが行われています．しかしそのときは変更の必要がないとの判断で，2005年版がそのまま継続（確認）されました．

今回の ISO 22000 の改訂は ISO マネジメントシステム規格作成のルール

(ISO/IEC 専門業務用指針—第1部) が改訂されたことに起因しています．2012年5月のルールの改訂で，ISOマネジメントシステム規格のための"上位構造，共通の中核となるテキスト，共通用語及び中核となる定義"が新たに決められました．そのため，2012年5月以降に発行されるISOマネジメントシステム規格，並びに改訂されるISOマネジメントシステム規格はこのルールに基づくこととなり，ISO 22000もこのルールに基づいて改訂されています（図6.1参照）．

今回の改訂により，ISO 9001やISO 14001などに基づく他のマネジメントシステムとの統合（複数のマネジメントシステムを一つのマネジメントシステムとして構築・運用すること）がしやすくなります．

今後も，ISO 22000は定期的に見直しが行われ，必要に応じて改訂が行われます．見直しを行う際に，ISOのルールが改訂されていれば，その改訂されたルールに基づいた変更が行われることになります．

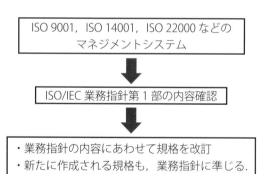

図6.1 ISOマネジメントシステム規格の改訂の流れ

6.2 FSSC 22000とは

FSSC 22000はFSSC（食品安全認証財団）が運用管理している規格です．FSSCのウェブサイトによると，日本で認証を受けている組織はおよそ1 500社となっており（執筆当時），FSSCが設立されてから急速に認証件数を増やし

6.2 FSSC 22000 とは

ている規格です．

日本を含めて多くの国でFSSC 22000の認証が行われている理由として，次の三つがあげられます．

① ISO 22000を基礎としている規格であるため，すでにISO 22000はもちろんのこと，ISO 9001やISO 14001に取り組んでいた組織にとって，類似している要求事項があることから取り組みやすい．

② GFSIが承認したスキーム（規格）であるため，取引先からの要望に応じやすい［GFSIは，第4章で紹介したように，食品安全を推進する業界主導の協働団体です（日本語版のウェブサイト：http://www.mygfsi.com/jp/）］．

このGFSIがいくつかの規格を承認しており，その中の一つがFSSC 22000です．他には，SQF（Safe Quality Food）やBRC（British Retail Consortium：英国小売業協会）による規格があります．GFSIはガイダンス文書を発行し，その内容に適合したスキームを承認します．

③ 特に日本では，他のGFSI承認規格と比較して，審査できる機関が多いので対応しやすい．

FSSC 22000は，図6.2のように，ISO 22000のほかに業態ごとに関連するPRP（前提条件プログラム）の要求事項（第4章参照），そしてFSSCが作成した追加要求事項の三つの要求事項から構成されています．

FSSC 22000 とは

ISO 22000	・FSSC 22000 の中核をなす． ・食品安全の基本となる仕組みに関する要求事項
ISO/TS 22002-1	・PRP に関する要求事項 ・その他，包装容器向けなどもある．
追加要求事項	・GFSI のガイダンス文書に対応するために，財団が規定した要求事項

図 **6.2** FSSC 22000 の構成

6.2.1　FSSC 22000 と PRP

　FSSC 22000 は，ISO 22000 では詳細に記載されていない PRP に関して，業種ごと（食品製造，ケータリング，農業，食品用容器包装製造，小売り，飼料生産，輸送・保管）の要求事項が規定された規格を追加しているのが特徴的です（いくつかの規格については表 4.1，69 ページを参照）．これは，GFSI が規格を承認する際の条件の一つである，詳細な PRP の要求事項を満たすためです．なお，他の条件には，マネジメントシステムであることと HACCP のツールを使用していることがあります．

　ISO 22000 は，表題にもあるように，フードチェーンのあらゆる組織が対応可能な規格を意図しているため，業態によって特徴のある PRP について，要求事項を詳細に記載することが難しいのです．そのため，GFSI の条件を満たすために，詳細な PRP に関する要求事項を記載している他の規格をあわせることを FSSC が決定しました．追加要求事項は，GFSI が要求している内容（以下，"ガイダンス文書"という）の中で，ISO 22000 と PRP では網羅されないものを追加要求事項として明確にしています．ISO などの規格を改訂するには時間がかかるため，追加要求事項をガイダンス文書にあわせて改訂するという方法を FSSC はとっています．FSSC 22000 の要求事項については，6.2.4 項で説明します．

6.2.2　グローバルマーケットプログラム

　数年前より，スーパーマーケットのような食品小売業や食品製造企業が，自分たちの供給先や PB（プライベートブランド）商品の製造先に対して，GFSI が承認した規格のいずれかの認証を推奨・要望し始めました．これは，人の健康を考えるうえで必要不可欠な食品安全をより確実にした食品を消費者に届けたいという思いからです．また，GFSI が承認している規格に，人員の問題などからすぐに取り組むことができない組織には，"グローバルマーケットプログラム"という 3 年かけて GFSI 承認規格の認証に取り組めるようにする仕組みがあります．

グローバルマーケットプログラムは要求事項が初級レベルと中級レベルに分かれており，取り組もうとする組織は自分たちのレベルを自己評価で把握し，取り組んでいきます．初級レベルではGFSI認証規格の30％程度が網羅されており，中級レベルでは70％程度が網羅されています．1年目に初級レベル，2年目の初級レベルと中級レベルに取り組んで，3年目に下記のGFSIが承認した規格のどれかに取り組むということを意図しています（図6.3参照）．最近では，このグローバルマーケットプログラムの要求事項が二者監査の基準になっているケースもあるようです．

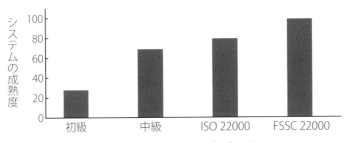

図6.3　グローバルマーケットプログラム

6.2.3　認証機関（審査登録機関）

図6.4に示すようなGFSIが承認している規格は，それぞれに特徴があり，取り組む組織の製造品目や取組目的などから規格を選ぶことが理想的ですが，実際に審査を受ける際に，外国の審査員が来る，あるいは認証機関（審査登録機関）を選べないという状況は，認証を受ける組織にとってはあまり好ましくないのかもしれません．その点，FSSC 22000は世界中で100以上の認証機関が対応可能となっており，日本に支店・支部・本社などがある認証機関であれば，ほとんどの機関が対応可能です．

選択の幅が広まれば，要求事項や審査そのものに対する考え方（単に要求事項だけをもとに審査を行うのか，要求事項を踏まえて組織に役立つように審査を行うのかなど）などからも認証機関を選ぶことができます．

注 2018年10月31日付で,"Asian GAP"と6.3節で説明するJFSMの規格が追加承認されている.

図6.4 GFSIが承認している規格

6.2.4 FSSC 22000の要求事項

食品製造業を例に,FSSC 22000のそれぞれの要求事項(ISO 22000, ISO/TS 22002-1及び追加要求事項)について簡単に説明します.

(1) ISO 22000

ISO 22000はFSSC 22000の基礎となる規格です.FSSC 22000のマネジメントシステムの部分とHACCP原則の部分は,ISO 22000の要求事項がそのまま利用されています.ISO 22000が2018年版に移行されたことで,FSSC 22000も2018年版への移行が求められます.移行期間については,ISO 22000そのものの移行期間に従うことになります.この流れは今後の改訂でも同じようになると予想されます.

(2) ISO/TS 22002-1

この規格は,ISO 22000のPRPに関して考慮される要求事項の詳細を特定しており,さらに,製造作業に関連すると考えられるその他の側面が加えられています.ISO/TS 22002-1の適用範囲には,"ここで規定する要求事項のす

べてが個々の施設又はプロセスにあてはまるわけではない."と記載されており，ハザード分析により正当化され，文書化されれば，除外が行われたり，代替方法が実施されたりすることを容認しています．

現在取り組んでいる組織も，これから取り組む予定の組織も，この記載内容を念頭に置いて，本当に必要なPRPを構築・運用してください．

(3) 追加要求事項

追加要求事項が存在する理由は，主にGFSIのガイダンス文書の改訂に対応するためです．ISO 22000及び／又はISO/TS 22002-1を改訂するためには，多くの時間を要します．そのため，追加要求事項を改訂することで，GFSIのガイダンス文書の改訂や消費者の期待に迅速に対応することができます．追加要求事項の入手方法は，FSSCのウェブサイトからダウンロードが可能です（http://www.fssc22000.com/documents/standards/downloads-japanese.xml?lang=en）．

6.2.5　FSSC 22000の追加要求事項

ここでは，簡単にFSSC 22000の追加要求事項の内容を紹介します．

(1) サービスのマネジメント

食品安全に影響がある可能性のあるサービスについて，要求事項を明確にし，必要ならば文書にし，関連するPRPの要求事項に適合するように管理し，サービス提供者の適切性を監視することが要求されています．このサービスには最低限，ユーティリティ，輸送・保管，メンテナンス，清掃・洗浄及びアウトソースされたサービスの五つが該当します．もちろん，この五つに限定されているわけではないので，組織の判断で増やすことは可能です．

その他，製品の安全性の検証に重要な意味をもつ分析がなされる場合，力量のある試験室によって行われていることの確認が要求されています．力量の例としては，熟練度テストプログラムへの参加，規制当局が承認したプログラム，

あるいは ISO/IEC 17025（試験所及び校正機関が特定の試験又は校正を実施する能力があるものとして，認定を受けようとする場合の要求事項を規定した規格）の認定があります．

(2) 製品ラベル

最終製品が，意図した販売国の適用可能な食品規制に従って表示されることを確実にすることが要求されています．

(3) 食品防御

潜在的な脅威を明確にし，管理手段を構築し，優先順位をつけるために，文書化された脅威評価の手順が要求されています．そのうえで，明確にされた管理手段を実施することが要求されています．食品防御に対する考え方，手順及び記録に関しては，食品防御計画の中に含めることが要求されており，また，その計画は適用される法令を順守することも要求されています．

(4) 食品偽装

潜在的な脆弱性を明確にし，管理手段を構築し，優先順位をつけるために，文書化された脆弱性評価の手順が要求されています．そのうえで，明確にされた管理手段は，実施することが要求されています．食品偽装に対する考え，手順及び記録に関しては，食品偽装予防計画の中に含めることが要求されており，また，その計画は適用される法令を順守することも要求されています．

(5) ロゴの使用

FSSC のロゴを使用する際の注意事項です．

(6) アレルゲンのマネジメント（食品加工，包装資材，食品添加物）

アレルゲンの交差汚染に対するリスクアセスメント，リスクを低減・除去するための管理手段，並びに効果的な実施の妥当性確認及び検証に関して，文書

化されたアレルゲンマネジメント計画が要求されています．

意図的に又は潜在的にアレルギーを引き起こす物質を含む製品は，生産した国及び販売される国のアレルゲン表示に関する規則に従って表示されることが要求されています．

(7) 環境のモニタリング（食品加工，包装資材，食品添加物）

清掃・洗浄及び殺菌・消毒プログラムの有効性を検証するための，環境のモニタリング計画が要求されています．その他，ペットフード製造業や農場・漁場などのみが該当するものもあります．

6.3 JFSM とは

JFSM とは，Japan Food Safety Management Association（一般財団法人食品安全マネジメント協会）の略です．JFSM は，日本発・国際標準の食品安全マネジメントシステム規格とその認証スキームを広めることを主たる役割として，2016 年 1 月 8 日に発足した団体です．JFSM の設立の目的は，次の三つに要約されています（JFSM のウェブサイト https://www.jfsm.or.jp/about/outline/）．

① 食品関係事業者の食品安全等の取組みを向上させること
② 食品安全管理等に関する取組みの標準化とコストの最適化を図ること
③ 食品事業者の取組み等の透明化と，消費者等の選択や信頼に寄与すること

JFSM が普及しようとしているのが，JFS 規格と呼ばれるものです．JFS 規格の特徴は JFS-A，JFS-B 及び JFS-C の三つの規格があることです．これは，取り組む組織の目的や規模，現状などを考慮して，取り組みやすくするために配慮したためです．ただし，FSSC 22000 とは異なり，現在のところ，対象としている業種は次の常温保存製品の製造・加工の四つに絞られています．

① 腐敗しやすい動物性製品の加工

② 腐敗しやすい植物性製品の加工
③ 腐敗しやすい動物性及び植物性製品の加工
④ 化学製品の加工

JFS 規格の 3 本柱である"食品安全マネジメントシステム""ハザード制御"及び"適正製造規範（FSSC 22000 や ISO 22000 でいう PRP）"の盛り込まれる範囲が三つの規格で異なることで，JFS-A 規格，JFS-B 規格及び JFS-C 規格が区別されています．

JFS-A 規格は，一般衛生管理（食品衛生 7S）を中心とした要求事項を含んでいます．JFS-B 規格は，JFS-A 規格の要求事項に加え，コーデックス委員会–HACCP の要求事項，JFS-C 規格は，国際的に通用する食品安全マネジメントシステムレベルの認証を意図しています．

JFS-A 規格と JFS-B 規格は，主な対象を中小規模の事業者に想定しており，次の目的での活用を意図しています．

① 食品安全に関する仕組みへの取組みを段階的に向上させる．
② 監査会社が指導・助言を行うことで，取組みを向上させる．
③ コーデックス委員会–HACCP への取組みを促進する．

ここでは，JFS-A 規格及び JFS-B 規格がそれぞれどのようなことを要求しているかを紹介します．また，JFSM のウェブサイトには，各 JFS 規格や規格解説，各規格のガイドラインなどが公表されていますので，興味のある方は利用してください．

https://www.jfsm.or.jp/scheme/documents/

今回の ISO 22000 の改訂を受けて，JFS 規格の食品安全マネジメントの部分が変わるのか，変わるとしたらどのように変わるのかについて，JFSM からはまだコメントはありません（2019 年 1 月現在）．しかしながら，現在の食品安全マネジメントに関する要求事項の見直しが行われ，必要であれば，改訂されることでしょう．

JFSM は 2017 年 9 月に GFSI 事務局に対して JFS-C 規格・認証スキーム及びその規格の GFSI 承認を申請し，2018 年 10 月 31 日の GFSI 理事会にお

いて承認されました．日本の歴史や実状にあわせて作成された規格であることから，日本の企業にとっては ISO 22000 や FSSC 22000 などとともに使いやすい規格であると考えられるので，今後はこの規格の認証取得が増えることも考えられます．

6.4　今後の取組み

HACCP の制度化により，HACCP は食品に関連するすべての企業にとって必須のものになりました．そのため，コーデックス委員会-HACCP に取り組む必要がありますが，組織全体で HACCP を中心とした食品安全に取り組んでいくという姿勢を内外にアピールするためには，ISO 22000 に基づく食品安全マネジメントシステムの構築に向けてがんばるほうがよいかもしれません．

また，大手量販店や海外との取引を考える場合，GFSI が承認した FSSC 22000 に取り組むほうがよいし，さらに，日本の組織としては JFS-C 規格のほうが取り組みやすいかもしれません．

最終的には，HACCP を中心とした食品安全マネジメントシステムに取り組む目的（ビジネス上の目的を含む）を明確にし，それにあった規格の導入をお勧めします．

索　引

【数　字】

5S　22
7S　22

【アルファベット】

BRC　185
BSI　23, 67
CCP　16, 99
　──決定判断図　101
CGF　66
Codex　40
　──委員会　17
CRC/RCP 1　17
FAO　17
FDA　17, 39
FMI　46
Food Safety from Farm to Table　40, 66
FSMA　18
FSSC　25, 46, 184
FSSC 22000　25, 66, 184
　──の構造　26
　──の追加要求事項　189
　──の要求事項　188
GAP　37
GFSI　25, 67, 185
GMP　27, 64
HACCP　16, 39
　──7原則12手順　47
　──/OPRPプラン　104
　──システム　85
　──とISO 22000の関係　20
　──の制度化　37
HARPC　18

IS　23
ISO　45
ISO 9001　15, 53
ISO 15161　46
ISO 22000　19, 45
ISO/TS 22002シリーズ　23, 69
ISO/TS 22002-1　23, 49, 67
ISO/TS 22002-2　23
ISO/TS 22002-3　23
ISO/TS 22002-4　23
ISO/TS 22002-5　23
ISO/TS 22002-6　23
JAB　28
JFSM　27, 46, 191
OPRP　21, 99
PAS 220　23, 67
PRP　21, 63
QMS　15
SQF　25, 185
TS　23, 67
USDA　17
WG　23
WHO　17

【あ　行】

安心　35
　──な食品　34
安全　35
　──な食品　34
一般衛生管理　21
インシデント　112
インフラストラクチャ　123
運用の計画及び管理　118
オペレーションPRP　99

【か　行】

外部コミュニケーション　　126
外部の課題　　81
化学的ハザード　　96
課題　　81
カテゴリー分け　　99
管理手段の決定　　98
危害要因　　41, 50
教育　　123
　──の有効性評価　　124
許容限界　　99, 105
許容水準　　93
緊急事態　　112
グローバルGAP　　38
グローバルマーケットプログラム
　186
計測機器の校正　　110
検証プラン　　108
構築　　79
購買管理機能　　122
コーデックス委員会　　40

【さ　行】

再利用　　94
作業環境　　123
殺菌　　22
資源　　123
躾　　22
修正　　106
食品安全教育体系　　125
食品安全チーム　　88
食品安全ハザード　　85, 95
食品衛生7S　　22, 64, 69
処置基準　　99, 105
審査登録機関　　28
信頼　　35
清潔　　22
清掃　　22

整頓　　22
製品回収　　113
生物学的ハザード　　95
整理　　22
セクター規格　　15
是正　　107
洗浄　　22
前提条件プログラム　　21, 63
組織の計画及び管理　　118

【た　行】

妥当性確認　　108
適正製造規範　　192
デシジョンツリー　　101
トレーサビリティ　　113

【な　行】

内部監査　　114
内部コミュニケーション　　127
内部の課題　　81
認証　　28
　──機関　　28

【は　行】

ハザード　　50
　──管理プラン　　104
　──の特定　　95
　──の評価　　98
　──評価方法　　99
　──分析　　85, 95
必須管理点　　16, 99
物理的ハザード　　96
フローダイアグラム　　93
文書・管理の記録　　127
変更管理機能　　111, 121

【ま　行】

マネジメントレビュー　　119
マル総　　40, 41

モニタリング　99
　——手順　105

【ら 行】

利害関係者　81

監修者・執筆者 略歴

【監修者】

角野　久史（すみの　ひさし）
［略　歴］
　1970 年　京都生協入協，支部長，店長，ブロック長を経て，1990 年に組合員室（お客様相談室）に配属され，以来クレーム対応，品質管理業務に従事する．
　2000 年　株式会社コープ品質管理研究所　設立
　2008 年　京都生活協同組合　定年退職
　2008 年　株式会社角野品質管理研究所　業務開始
［現　在］
　株式会社角野品質管理研究所代表取締役
［役　職］
　NPO 法人食品安全ネットワーク理事長，一般社団法人京都府食品産業協会理事，きょうと信頼食品登録制度審査委員，京ブランド食品認定ワーキング・品質保証委員会副委員長，一般社団法人日本惣菜協会惣菜製造管理認定事業審査員，消費生活アドバイザー
［専門分野］
　HACCP，食品衛生 7S，食品表示，食品クレーム対応
［主な著書］
　『HACCP 実践講座（全 3 巻）』（編著，日科技連出版社，1999-2000）
　『やさしい食の安全』（共著，オーム社，2002）
　『こうして防ぐ！　食品危害』（共著，日科技連出版社，2003）
　『やさしいシリーズ 9 食品衛生新 5S 入門』（共著，日本規格協会，2004）
　『ISO 22000 のための食品衛生 7S 実践講座　食の安全を究める食品衛生 7S（全 3 巻）』（編著・共著，日科技連出版社，2006）
　『食品安全マネジメントシステム認証取得事例集〈1〉』（共著，日本規格協会，2007）
　『食品衛生 7S 入門 Q&A』（監修，日刊工業新聞社，2008）
　『どうすれば食の安全は守られるのか―いま，食品企業に求められる品質保証の考え方』（共著，日科技連出版社，2008）
　『食品安全の正しい常識―誤解や勘違いを解く』（編著，工業調査会，2009）
　『現場がみるみる良くなる　食品衛生 7S 活用事例集 1-6』（編著，日科技連出版社，2009-2014）
　『やさしい食品衛生 7S 入門［新装版］』（編著，日本規格協会，2013）
　『フードディフェンス―従業員満足による食品事件予防』（編著，日科技連出版社，2014）
　『現場がみるみる良くなる　食品衛生 7S 実践事例集　第 7 巻～第 10 巻』（編著，鶏卵肉情報センター，2015-2018）

米虫　節夫（こめむし　さだを）

[略　歴]
- 1964 年　大阪大学工学部発酵工学科卒
- 1968 年　大阪大学大学院工学研究科発酵工学専攻博士課程中退，大阪大学薬学部助手
- 1970 年　工学博士（大阪大学）
- 1983 年　近畿大学農学部講師
- 1985 年　デミング賞委員会委員（〜2008 年）
- 1997 年　近畿大学教授，食品安全ネットワーク設立会長（〜2013 年）
- 2009 年　近畿大学 定年退職，大阪市立大学大学院工学研究科客員教授

[現　在]
大阪市立大学大学院工学研究科客員教授，NPO 法人食品安全ネットワーク最高顧問（前会長），日本防菌防黴学会・名誉会員（元会長），PCO 微生物制御システム研究会会長，"食生活研究" 編集委員長，"環境管理技術" 編集委員長

[専門分野]
微生物制御，殺菌・消毒，品質管理，食品衛生 7S，推測統計学

[主な著書]
『HACCP 実践講座（全 3 巻）』（編著，日科技連出版社，1999-2000）
『ISO 22000 のための食品衛生 7S 実践講座 食の安全を究める食品衛生 7S（全 3 巻）』（監修・編著，日科技連出版社，2006）
『食品衛生 7S 入門 Q&A』（監修，日刊工業新聞社，2008）
『現場がみるみる良くなる 食品衛生 7S 活用事例集 1-6』（編著，日科技連出版社，2009-2014）
『知らなきゃヤバイ！ 食品流通が食の安全を脅かす』（共著，日刊工業新聞社，2010）
『食品衛生 7S 入門（通信教育テキスト）』（監修，日本技能教育開発センター，2011）
『現場で役立つ食品工場ハンドブック 改訂版』（監修，日本食糧新聞社，2012）
『やさしい ISO 22000 食品安全マネジメントシステム入門［新装版］』（共著，日本規格協会，2012）
『やさしい食品衛生 7S 入門［新装版］』（監修，日本規格協会，2013）
『ここが知りたかった！ FSSC 22000・HACCP 対応工場 改修・新設ガイドブック』（監修，日本規格協会，2015）
『現場がみるみる良くなる 食品衛生 7S 実践事例集 第 7 巻〜第 10 巻』（編著，鶏卵肉情報センター，2015-2018）
その他，著書・監修書 100 冊以上，原著論文 230 編以上，総説・一般雑誌原稿など多数

【執筆者】

安藤　鐘一郎（あんどう　しょういちろう）

［略　歴］
- 1967 年　静岡県立藤枝北高等学校工業化学科 卒業
　　　　　　株式会社静岡ヤクルト工場 入社
- 1970 年　株式会社ヤクルト本社静岡工場 転籍
- 1986 年　株式会社ヤクルト本社富士裾野工場 転勤（製造課長・品質管理課長）
- 2003 年　株式会社愛知ヤクルト工場 転勤（工場長）
- 2009 年　株式会社ヤクルト本社 退職
　　　　　　※在職中，総合衛生管理製造過程承認取得及び ISO 9001，ISO 14001 認証取得活動を展開
　　　　　　　品質管理活動展開（QC サークル・TPM・HACCP の推進委員長担当）
　　　　　　　一般財団法人日本規格協会審査登録事業部 FSMS 技術専門家，ISO 22000 登録審査判定委員（2017 年 3 月退任）
- 2010 年　国際衛生株式会社サニタリー営業部アドバイザー（非常勤勤務）

［現　在］
　国際衛生株式会社サニタリー営業部アドバイザー（食品衛生管理コンサルタント）

［役　職］
　NPO 法人食品安全ネットワーク監査役

［資　格］
　一般社団法人京都府食品産業協会京都信頼食品登録制度審査員

［主な著書］
　『地域水産物を活用した商品開発と衛生管理』（共著，幸書房，2014）
　『食品の異物混入時におけるお客様対応—適切なクレーム対応を行うための手引き』（共著，日科技連出版社，2015）
　『ここが知りたかった！ FSSC 22000・HACCP 対応工場 改修・新設ガイドブック』（共著，日本規格協会，2015）
　『現場がみるみる良くなる 食品衛生 7S 実践事例集 第 9 巻』（共著，鶏卵肉情報センター，2017）

奥田　貢司（おくだ　こうじ）

［略　歴］
　パソコン開発のシステムエンジニアから食品流通企業の品質管理担当者に転職．転職先の企業が新規事業としてペストコントロール業に参入．殺虫剤の使用を優先しないペストコントロールとして食品企業の製造現場や外食産業で"5S を活用した衛生管理の指導"を始める．その後，衛生管理を行うコンサルティング会社を設立し，"食品衛生 7S を中心にしたソフト重視の実践できる衛生管理"や"わかりやすく HACCP 導入や構築ができる仕組みづくり"から食品企業の人づくりをモットーにコンサルティングをしている．

［現　在］
　株式会社食の安全戦略研究所代表取締役
［役　職］
　NPO法人食品安全ネットワーク理事，PCO微生物制御研究会運営委員長，一般社団法人日本惣菜協会HACCP認定検査員，専門誌"環境管理技術"編集委員，JHTC HACCPリードインストラクター，JHTC PCQIインストラクター，日本防菌防黴学会微生物制御システム研究部会運営委員
［資　格］
　きょうと信頼食品登録制度検査員
［専門分野］
　食品工場の一般衛生管理の構築から製造現場の総合衛生指導（施設・設備の改善提案，従業員教育など），食品衛生7Sの構築や実践．HACCP構築サポートからHACCP，ISO 22000などの認証サポート
［主な著書］
　『フードディフェンス―従業員満足による食品事件予防』（第2章執筆，日科技連出版社，2014）
　『食品衛生7Sで実現する！ 異物混入対策とフードディフェンス』（事例1執筆，日刊工業新聞社，2015）
　『現場がみるみる良くなる　食品衛生7S活用事例集　第8巻』（事例6執筆協力，鶏卵肉情報センター，2016）
　『現場がみるみる良くなる　食品衛生7S活用事例集　第9巻』（第4章執筆，鶏卵肉情報センター，2017）

金山　民生（かなやま　たみお）
［略　歴］
　鳥取大学農学部農林総合科学科 卒業．フジッコ株式会社にて技術開発・工場品質管理，その後，鳥取県畜産農業協同組合にて商品開発・工場品質管理・ISO 22000事務局を歴任
［現　在］
　東洋産業株式会社技術部コンサルティング室室長
［役　職］
　NPO法人食品安全ネットワーク理事，一般社団法人日本惣菜協会惣菜製造管理認定事業JmHACCP検査員，一般社団法人京都府食品産業協会きょうと信頼食品登録制度検査員
［資　格］
　IHA/JHTC認定HACCPリードインストラクター，S級惣菜管理士，中級食品表示診断士，調理師，第1種衛生管理士
［専門分野］
　食品衛生管理（食品衛生7S・一般衛生管理・HACCP・食品安全マネジメントシステム）構築支援
［主な著書］
　『ISO 22000のための食品衛生7S実践講座 食の安全を究める食品衛生7S（全3巻）』（共著，日科技連出版社，2006）

『ISO 22000 食品安全マネジメントシステム認証取得事例集〈2〉』（共著，日本規格協会，2008）
『食品衛生 7S 入門 Q&A』（共著，日刊工業新聞社，2009）
『現場がみるみる良くなる 食品衛生 7S 活用事例集 3・5』（共著，日科技連出版社，2011・2013）
『予防と未然防止―事件・事故を回避する安全・安心の科学』（共著，日本規格協会，2012）
『やさしい食品衛生 7S 入門［新装版］』（共著，日本規格協会，2013）
『フードディフェンス―従業員満足による食品事故予防』（共著，日科技連出版社，2014）
『食品の異物混入時におけるお客様対応 適切なクレーム対応を行うための手引き』（共著，日科技連出版社，2015）

衣川　いずみ（きぬがわ　いずみ）

［略　歴］
神戸薬科大学大学院博士前期課程修了，大手外食企業の品質保証部を経て，2006 年から食品安全・品質のコンサルティング会社，株式会社 QA-テクノサポートを設立
食品企業の食品安全マネジメントシステム（FSSC/ISO 22000，SQF，JFS 規格），HACCP の構築・運用指導を行っている．結果を出せるマネジメントシステムの運用指導に関しては定評がある．
　Facebook：https://www.facebook.com/qa.techno/
　会社 HP：　http://qa-techno.co.jp/
　E-mail：　 kinugawa@k9.dion.ne.jp
［現　在］
株式会社 QA-テクノサポート代表取締役
［資　格］
薬剤師，FSMS／FSSC／QMS 主任審査員，食品衛生管理者・食品衛生責任者　ほか
［主な著書］
『こうすれば HACCP ができる（HACCP 実践講座）』（共著，日科技連出版社，1999）
『ISO 22000 食品安全マネジメントシステム認証取得事例集〈2〉』（共著，日本規格協会，2007）ほか
［雑誌寄稿］
『月刊 HACCP』『月刊食品工場長』　など

坂下　琢治（さかした　たくじ）

［略　歴］
1998 年　岡山大学大学院自然科学研究科修了 学術（博士）
1998 年　東洋産業株式会社 入社
2007 年　ロイド・レジスター・クオリティ・アシュアランス・リミテッド
2015 年　DNV GL ビジネス・アシュアランス・ジャパン株式会社
［現　在］
DNV GL ビジネス・アシュアランス・ジャパン株式会社食品飲料部主任監査員

［専門分野］
　ISO 9001，ISO 22000 及び FSSC 22000 を中心としたマネジメントシステム監査
［主な著書］
　『ISO 22000 のための食品衛生 7S 実践講座 食の安全を究める食品衛生 7S』（共著，日科技連出版社，2006）
　『事業継続マネジメントシステムの構築と実務』（共著，共立出版，2008）

鈴木　厳一郎（すずき　げんいちろう）
［略　歴］
　自動車整備用工具メーカーを経て，2001 年 9 月フードクリエイトスズキ有限会社に入社．食品メーカーへの衛生管理に関するコンサルティング業務のほか，ISO 9001，ISO 22000，FSSC 22000 認証取得の支援業務を担当．NPO 法人食品安全ネットワーク事務局長
［現　在］
　フードクリエイトスズキ有限会社
［専門分野］
　食品工場の衛生管理，製造工程管理，マネジメントシステム（ISO 9001，ISO 22000，FSSC 22000）
［主な著書］
　『ISO 22000 のための食品衛生 7S 実践講座 第 2 巻 食の安全を究める食品衛生 7S 洗浄・殺菌編』（共著，日科技連出版社，2006）
　『食品衛生 7S 入門 Q&A』（共著，日刊工業新聞社，2008）
　『現場がみるみる良くなる 食品衛生 7S 活用事例集 4』（共著，日科技連出版社，2012）
　『やさしい食品衛生 7S 入門［新装版］』（共著，日本規格協会，2013）
　『食品衛生 7S で実現する！ 異物混入対策とフードディフェンス』（共著，日刊工業新聞社，2015）
　『現場がみるみる良くなる 食品衛生 7S 実践事例集 第 9 巻』（共著，鶏卵肉情報センター，2017）

[2018 年改訂対応]
やさしい ISO 22000
食品安全マネジメントシステム構築入門

2019 年 2 月 25 日　　第 1 版第 1 刷発行
2022 年 6 月 3 日　　　　第 4 刷発行

監　修　者　　角野久史　米虫節夫
発　行　者　　朝日　弘
発　行　所　　一般財団法人 日本規格協会
　　　　　　　〒 108-0073　東京都港区三田 3 丁目 13-12　三田 MT ビル
　　　　　　　https://www.jsa.or.jp/
　　　　　　　振替　00160-2-195146
製　　　作　　日本規格協会ソリューションズ株式会社
印　刷　所　　三美印刷株式会社
製作協力　　株式会社 群企画

© Hisashi Sumino, Sadao Komemushi,et al.,2019 Printed in Japan
ISBN978-4-542-50274-1

● 当会発行図書，海外規格のお求めは，下記をご利用ください．
　JSA Webdesk（オンライン注文）：https://webdesk.jsa.or.jp/
　　電話：050-1742-6246　E-mail：csd@jsa.or.jp

図書のご案内

ISO 22000:2018 食品安全マネジメントシステム 要求事項の解説

ISO/TC 34/SC 17
食品安全マネジメントシステム専門分科会　監修
湯川剛一郎　編著

A5判・224ページ
定価 9,350円（本体 8,500円＋税 10%）

【主要目次】

第1部
ISO 22000:2018 改訂の経緯
1. ISO 22000:2005 発行までの経緯
2. ISO 22000:2005 成立の経緯
3. 2009年の定期見直し
4. 2014年の定期見直し
5. ISO 22000の特徴
6. ISO 22000の関連規格

第2部
ISO 22000の要求事項とその解説
■第2部の目的と構成
序文／1 適用範囲／2 引用規格／3 用語及び定義／4 組織の状況／5 リーダーシップ／6 計画／7 支援／8 運用／9 パフォーマンス評価／10 改善
〈参考〉
附属書A（参考）CODEX HACCPとこの規格との対比
附属書B（参考）この規格とISO 22000:2005との対比

日本規格協会　https://webdesk.jsa.or.jp/

図書のご案内

新版
やさしい HACCP 入門

新宮和裕 著
A5 判・146 ページ
定価 1,650 円（本体 1,500 円 + 税 10％）

やさしい食品衛生 7S 入門
新装版

米虫節夫 監修／角野久史 編
A5 判・120 ページ
定価 1,320 円（本体 1,200 円 + 税 10％）

［2015 年改訂対応］
やさしい ISO 9001（JIS Q 9001）
品質マネジメントシステム入門
［改訂版］

小林久貴 著
A5 判・184 ページ
定価 1,760 円（本体 1,600 円 + 税 10％）

日本規格協会　　https://webdesk.jsa.or.jp/

図書のご案内

見るみる食品安全・HACCP・FSSC 22000
イラストとワークブックで要点を理解

深田博史・寺田和正　共著
A5判・132頁　　定価 1,100 円（本体 1,000 円＋税 10％）

【主要目次】
　第 1 章　　HACCP，ISO 22000，FSSC 22000 とは
　第 2 章　　見るみる FS モデル
　　　　　　―見るみる FSMS（食品安全マネジメントシステム）モデル
　第 3 章　　ISO 22000　食品安全マネジメントシステムの
　　　　　　重要ポイントとワークブック
　第 4 章　　ISO/TS 22002-1　重要ポイントとワークブック
　第 5 章　　FSSC 22000 第 5.1 版　追加要求事項
　第 6 章　　資料編

見るみる ISO 9001
イラストとワークブックで要点を理解

寺田和正・深田博史・寺田　博　著
A5判・120頁　　定価 1,100 円（本体 1,000 円＋税 10％）

【主要目次】
　第 1 章　　ISO 9001 とは，リスク・機会とは
　第 2 章　　見るみる Q モデル
　　　　　　［ISO 9001 品質マネジメントシステムモデル］
　第 3 章　　ISO 9001 の重要ポイントとワークブック
　第 4 章　　見るみる Q　資料編

日本規格協会　　https://webdesk.jsa.or.jp/